家庭实用

张春红 主编

江西科学技术出版
江西·南昌

图书在版编目（CIP）数据

家庭实用小常识 / 张春红主编. -- 南昌 : 江西科学技术出版社, 2018.11
ISBN 978-7-5390-6353-9

Ⅰ. ①家… Ⅱ. ①张… Ⅲ. ①家庭生活－基本知识 Ⅳ. ①TS976.3

中国版本图书馆CIP数据核字(2018)第097402号

选题序号：ZK2018174
图书代码：B18045-101
责任编辑：张旭　万圣丹

家庭实用小常识

JIATING SHIYONG XIAOCHANGSHI

张春红　主编

摄影摄像　深圳市金版文化发展股份有限公司
选题策划　深圳市金版文化发展股份有限公司
封面设计　深圳市金版文化发展股份有限公司
出　　版　江西科学技术出版社
社　　址　南昌市蓼洲街2号附1号
　　　　　邮编：330009　电话：（0791）86623491　86639342（传真）
发　　行　全国新华书店
印　　刷　深圳市雅佳图印刷有限公司
开　　本　889mm×1194mm　1/32
字　　数　100 千字
印　　张　5
版　　次　2018年11月第1版　2018年11月第1次印刷
书　　号　ISBN 978-7-5390-6353-9
定　　价　29.80元

赣版权登字：-03-2018-138

目录 CONTENTS

第一章 食材与厨艺篇

第二章 服饰与收纳篇

第四章

急救与健康篇

第五章

休闲与健身篇

第一章

食材与厨艺篇

俗话说：民以食为天。正因为食物在日常生活中的重要性，所以在食物摄取方面应该多加小心。食品的社会消耗很大，不法分子经常以次充好侵害消费者的利益。对此，我们要擦亮眼睛。

另外，食物只有通过合理搭配、精湛烹调，才能将其营养价值最大化，才能得到家人的喜爱。

doodle
food
K

食材选购

●识别新、陈大米的妙法

能吃到香喷喷的白米饭是一件多么幸福的事啊！可是市场上鱼龙混杂，想吃到好大米真心不容易。那么，如何来辨别大米的新陈呢？

望：一是新米色泽通透，未熟米粒可见青色，二是新米“米眼睛”处的颜色是否呈乳白色或淡黄色颜色，陈米颜色较深或呈咖啡色。

闻：新米有股浓浓的清香味，陈谷，新轧的米少清香味，而存放一年以上的陈米，只有米糠味，没有清香味。

品：新米含水量较高，吃上一口感觉很松软，间留香；陈米则含水量较低，吃上一口感觉较硬。

●优劣黑米的鉴别

熬黑米粥的时候，总觉得粥水的颜色像墨汁一样。听卖米粮的邻居说，天然黑米泡水后是紫红色或近淡紫色的。黑米的优劣其实能从感官来鉴别：

1. 看色泽和外观。优质黑米一般有光泽，米粒大小均匀，很少有碎米，且米粒上没有裂纹，无虫，不含杂质。

2. 闻气味。手中取少量黑米，向黑米哈一口热气，然后立即闻气味。优质黑米具有正常的清香味，无其他异味。

3. 尝味道。可取少量黑米放入口中细嚼，或磨碎后再品尝。优质黑米味佳，微甜，无任何异味。

●如何选购优质粉丝

粉丝富含蛋白质、脂肪、铁等多种人体所需的营养元素，口感滑腻，是人们日常生活中餐桌上的一道佳肴。挑选粉丝注意以下几个特点：细长、均匀、整齐、透明度高、有光泽、干燥、柔韧、有弹性、无霉味、无酸味和其他异味。

●面粉选购窍门

好的面粉既要有颜又得有手感，怎么选才对呢？

1. 观看外表颜色：质量好的面粉，色泽白净；标准面粉为淡黄色；质量差的面粉颜色较深。

2. 用手捻搓面粉：如有绵软感，说明是好面粉；如感觉过分光滑，一般质量较差。

●识别真假花椒小窍门

正品为 2 ~ 3 个上部离生的小骨朵果集生于小果梗上，每一个骨朵果沿腹缝线开裂，直径 0.4 ~ 0.5 厘米，并有多数疣状突起的油点，内表面淡黄色，内果与外果皮常与基部分离。

伪品为 5 个小骨朵果并生，呈放射状排列，状似梅花。每一个骨朵果从顶开裂，外表呈绿褐色或棕褐色，有少数圆点状突起的小油点。香气较淡，味辣微麻。

●识别真假八角

正品 果实多由8个骨朵果组成，放射性排列于中轴上。骨朵果长1～2厘米，宽0.3～0.5厘米，高0.6～1.0厘米，顶端呈鸟喙状，上侧多开裂。内表面淡棕色，质硬而脆，气味芳香味辛、甜。

伪品 果实常由7～8个较瘦小的骨朵果呈轮状排列聚合而成。单一的骨朵果长约1.5厘米，宽0.4～0.7厘米，前端渐尖，略变曲，果皮较薄。有特异香气，味先微酸而后甜。

●注水瘦肉巧鉴别

大家都知道注水肉危害大，怎样鉴别注水肉呢？肉注入水过多时，水会从肉上往下滴；割下一块瘦肉，放在盘子里，稍待片刻就有水流出来；用卫生纸或吸水纸贴在瘦肉上，用手紧压，等纸湿后揭下来，用火柴点燃，若不能燃烧，则说明肉中注了水。

●注水鸡、鸭的鉴别

日常生活中人们经常会买鸡、鸭烹饪，但有时会买到注水鸡、鸭，非常扫兴。简单四招让注水鸡鸭无处可逃：

一拍：注水鸡、鸭的肉富有弹性，用手一拍，便会听到“波波”的声音。

二看：仔细观察，如果发现皮上有红色的点，红点的周围呈乌黑色，表明注过水。

三掐：用手指在鸡、鸭的皮层下一掐，明显感到打滑的，一定是注过水的鸡、鸭。

四摸：注过水的鸡、鸭用手一摸，会感觉到高低不平，好像长有肿块，而未注水的鸡、鸭，摸起来很平滑。

●如何才能买到新鲜的鱼

鱼肉味道鲜美，营养价值高。吃鱼当然要吃新鲜的，下面教你如何识别新鲜的鱼：

新鲜的鱼表皮有光泽，鱼鳞完整，并有少量透明黏液；鱼背坚实有弹性，用手指压一下，凹陷处立即平复；鱼眼透明，角膜富有弹性，眼球饱满凸出；鱼鳃鲜红或粉红，没有黏液，无臭味；鱼腹不膨胀，肛孔白色，不突出。不新鲜甚至变质的鱼，鱼鳞色泽发暗，鳞片松动；鱼背发软，肉与骨脱离，指压时凹陷部分很难平复；鱼眼塌陷，眼睛灰暗；鳃的颜色呈暗红或灰白，有陈腐味和臭味；鱼腹膨胀，肛孔鼓出。

●选购对虾妙法

喜欢吃海鲜的吃货们，你们知道如何挑选对虾吗？

据外形挑选：新鲜对虾头尾完整，有一定的弯曲度，虾身较挺拔。不新鲜的对虾，头尾容易脱落，不能保持其原有的弯曲度。

观颜色挑选：新鲜对虾皮壳发亮，青白色，即保持原色。不新鲜的对虾，皮壳发暗，原色变为红色或灰紫色。另外，优质对虾的体色依雌雄不同而各异，雌虾肉微显褐色或蓝色，雄虾肉微显褐色或黄色。

据肉质挑选：新鲜对虾肉质坚实，细嫩，不新鲜的对虾肉质松软。

●优质干贝巧识别

干贝主要用扇贝、江瑶贝和日月贝等海产贝类，煮熟将其闭壳肌剥下洗净晾晒（或烘烤）而成的干品。颜色杏黄或淡黄、表面有白霜、颗粒整齐、肉柱较大坚实饱满、肉丝清晰、有特殊香气、味鲜的为优质品。而肉柱较小、色泽较暗的次之。

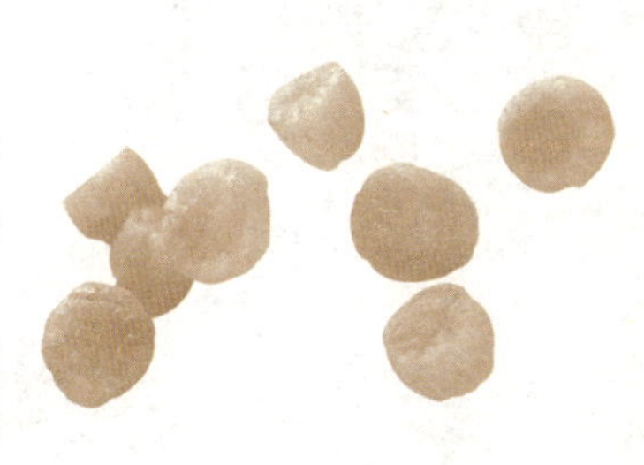

●如何挑选松花蛋

松花蛋也称皮蛋，挑选方法有：

看：先看包料是否发霉，是否完整，然后剥去包装看蛋壳。以包装完整、无霉味，蛋壳完整，颜色为灰白或青铁色为佳；黑壳蛋及裂纹蛋为劣质蛋。

掂：将松花蛋轻轻抛掂，连抛几次，手感颤动大、有沉重感的为优质松花蛋；手感蛋内不颤动的为死心蛋；手感颤动和弹性过大的则是溏心蛋。

摇：用拇指和中指捏住蛋的两头在耳边上下摇动，听其内有无响声或撞击声。优质松花有弹性而无响声，反之为劣质蛋。

弹：将松花蛋放在左手掌中，以右手食指轻轻弹击松花蛋的两端，声音若是柔软的为优质蛋；产生生硬的声响，则为劣质蛋。

尝：剥去松花蛋壳，若蛋白和蛋黄均呈墨绿色，蛋白半透明、有弹性，口尝肉质细嫩、味美浓香、清凉爽口者为优质松花蛋。

●巧选木耳

质量好的木耳朵大而薄，朵面乌黑光润，朵背略呈灰色。用手摸干燥，分量轻，用嘴尝清香而无味。掺假的木耳朵厚，朵片往往粘在一起，有潮湿感，分量较重。用嘴尝如有咸味，说明木耳已被盐水泡过；如有涩味，说明木耳已被明矾水泡过；如有甜味，说明木耳用糖稀拌过。这些掺假木耳较正常木耳重，有的甚至重一倍以上，质量也较差。

●如何选购丝瓜

丝瓜是夏季主要蔬菜之一，以嫩瓜供食用，适炒食、做汤。丝瓜的种类较多，常见的丝瓜有线丝瓜和胖丝瓜两种。线丝瓜细而长，购买时应挑选瓜形挺直、大小适中、表面无皱、水嫩饱满、皮色翠绿、不蔫不伤者。胖丝瓜相对较短，两端大致粗细一致，购买时以皮色新鲜、大小适中、表面有细皱并附有一层白色绒状物、无外伤者为佳。

●挑选鲜藕有妙法

莲藕是冬季养生的最佳选择之一，做菜炖汤都是不错的选择。许多妈妈们去菜市场买莲藕是都不知道怎么挑选。莲藕一般能长到 1.6 米左右，通常长有 4 ~ 6 个藕节。底端的莲藕质粗老，顶端的一节带有顶芽太嫩，所以最好吃的是中间部分。选购时，应选择藕节粗短肥大、无伤无烂、表面鲜嫩的莲藕。

●如何挑选胡萝卜

胡萝卜又称红萝卜或甘荀，以肉质根作蔬菜食用，是一种质脆味美、营养丰富的家常蔬菜，甚至有着“小人参”的称呼。对于皮肤粗糙等情况也有很好的改善作用。在挑选胡萝卜的时候，要注意选色泽鲜嫩、匀称直溜，掐上去水分很多的为佳。还要注意，胡萝卜的外部比内部甜，所以挑选较小的胡萝卜为好，而且细心的比粗心的好，颜色深的比颜色浅的好。

●如何挑选新鲜韭菜

韭菜作为餐桌上的常客，常常变身饺子馅、韭菜鸡蛋、韭菜饼等美味佳肴，很多人都喜欢吃。但挑到新鲜的韭菜味道会更香哦。购买韭菜时，可通过以下方法来识别韭菜是否新鲜：查看韭菜根部，齐头的是新货，吐舌头的是陈货；检查捆绑腰部的松紧，一般腰部紧者为新货，松者为陈货；用手捏住韭菜根抖一抖，叶子发飘者是新货，叶子飘不起来的是陈货。

●巧识优质腐竹

腐竹又称腐皮，是很受欢迎的一种客家传统食品，也是中国常见的食物原料，具有浓郁的豆香味，同时还有着其他豆制品所不具备的独特口感。腐竹质量也决定着口感，你知道如何识别真假腐竹吗？将少量腐竹在温水中泡软，泡过的水黄而不浑是真货。轻拉泡过的腐竹，如有一定弹性，并能撕成一丝一丝的为真货。温水泡过的腐竹细嚼有柔韧感，假货则没有，反而有一种沙土的感觉。真腐竹可承受110℃高温蒸煮而不烂，假货容易糊烂。

●如何选购葡萄

邻居家常年种有葡萄，枝藤叶子在门前缠绕蔓延，挂满了一串串葡萄。待成熟时摘下的葡萄特别甜，邻居阿姨说看葡萄好不好得看以下这几点。一看色泽：新鲜的葡萄果梗青鲜，果粉呈灰白色，玫瑰香葡萄果皮呈紫红色，牛奶葡萄果皮呈锈色，龙眼葡萄果皮呈琥珀色；不新鲜的葡萄果梗霉锈，果粉残缺，果皮呈青棕色或灰黑色，果面润湿。二看形态：新鲜并且成熟适度的葡萄，果粒饱满，大小均匀，青子和瘪子较少；反之则果粒不整齐，有较多青子和瘪子混杂，葡萄成熟度不足，品质差。三看果穗：新鲜的葡萄用手轻轻提起时，果粒牢固，落子较少。如果粒纷纷脱落，则表明不够新鲜。四尝味：品质好的葡萄，果浆多而浓，味甜，且散发着玫瑰香或草莓香；品质差的葡萄果汁少或者汁多而味淡，无香气，具有明显的酸味。

●如何选购猕猴桃

猕猴桃含有丰富的维生素和微量元素，但是市场上90%的猕猴桃都使用过膨大剂，那么我们该如何挑选优质的猕猴桃呢？在挑选猕猴桃时，以无虫蛀、无破裂、无霉烂、无皱缩、无挤压痕迹的猕猴桃为好。通常果实越大，质量越好。此外，还要注意果实的硬度。如果有过硬感，则说明果实尚未成熟；如用指按压有弹性，并稍有柔软感，即为成熟；过软的果实容易烂掉。

●怎样隔皮猜西瓜生熟

一看：看西瓜的外壳。熟瓜表面光滑、瓜纹黑绿、瓜体匀称、花蒂小而向内凹、瓜柄呈绿色、没有拧过干枯的现。

二摸：用手摸瓜皮，感觉滑而硬的为好瓜，发黏或发软的为次品。

三敲：用手托住西瓜，轻轻拍敲后用食指和中指弹敲。熟瓜会发出“嘭嘭嘭”的闷声，生瓜会发出“当当当”的清脆声，如发出“噗噗”声则为过熟的瓜。

四弹：托起西瓜用手弹震西瓜。托瓜的手感到颤动震手的是熟瓜，没有震荡的是生瓜。另外，还可以用水来测试，把西瓜放进盛有水的桶里，熟瓜可以浮在水面上，生瓜则沉入水底。

●激素水果巧识别

激素水果，即用“细胞分裂素”催熟的水果，对人体健康不利。凡是激素水果，其形特大且异常，外观色泽光鲜，果肉味道平淡。反季节蔬菜和水果有不少是激素催成的。如早期上市的长得特大的草莓、外表有方棱的大猕猴桃，大多是打了“膨大剂”。而通过激素“催熟”的荔枝和切开后瓜瓤通红但瓜子却还没成熟且味道不甜的西瓜，也多是施用了催熟剂的，还有喷了雌激素的无子大葡萄等。如果经常吃这些激素水果对健康极为不利。

●栗子的选购技巧

板栗营养价值较高，在坚果中被称为“干果之王”。经常听到有人说，买来的栗子吃起来味道不如从前的好吃，而且放不了几天就都腐烂了。那说明你买的是品质不好的栗子。因此，挑选栗子一定要掌握正确的挑选方法。

观色：外壳略红，红中带褐、赭等色，颗粒均匀有光泽者一般都较好。若带有黑影的，则表明果实已被虫蛀或变质。

捏果：用手捏栗子，感觉颗粒坚实者，一般果肉丰满；如捏之有空壳感，则表明果肉已干瘪，或果肉已酥软。

品尝：好的栗子果仁淡黄、结实、肉质细密、水分较少，甜度高、糯质足、香味浓；反之，则硬性且无味。

食材处理

●巧洗猪皮上的蓝色印章

有时从市场买回来的猪肉表皮上有蓝色印章，这种印章很难清理，用盖有印章的肉来做菜也影响食欲。那么给大家介绍一个清洗蓝色印章的，方法：将食用碱均匀涂抹在印章上面，几个小时后除了印得比较深的部分，印章的痕迹大部分会消失。

●巧洗带鱼

带鱼表面总有一层白色的物质，如果不能清除干净，做出来的带鱼就会非常腥。用什么办法可以去除呢？热水烫洗法：将带鱼放入80℃的热水中烫10分钟，再放入冷水中用刷子刷洗，鳞就会去掉。若带鱼较脏，可用淘米水清洗。清水冲洗法：将带鱼放入热咸水中浸泡一下，取出后再用清水冲一下，就很容易把它洗净了，且鱼体变白，特别清爽。碱洗法：带鱼身上的腥味和油腻较大，用清水很难洗净，可把带鱼先放在碱水中泡一下，再用清水洗，就会很容易洗净，而且无腥味。

●巧剥松花蛋壳

松花蛋用来煮粥、凉拌都很好吃，由于松花蛋的皮难剥，一不小心就浪费掉很多。下面教大家一个小妙招，剥松花蛋不仅剥得快，而且保证个个都很完整。即将松花的大头剥去泥和蛋壳，小头剥去泥，再在小头敲一个小孔，然后用嘴从小孔往里吹气，整个松花的壳就很容易剥下了。

●巧洗猪腰

很多人喜欢吃猪腰子，但是如果处理不好的话，烹调好之后会有很大的腥味。这个腥味该怎样去除呢？首先将腰子剥去薄膜、剖开、剔除污物筋络，切成所需的片状或花状，先用清水漂洗一遍，捞出沥干，用 500 毫升白酒拌和捏挤，然后再用水漂洗 2 ~ 3 遍，最后用开水烫一遍，捞起后便可烹制。

●猪肠巧清洗

买回猪肠不会洗，或嫌洗起来很麻烦，其实方法很简单。先将猪肠放在混有淡盐、醋的混合液中浸泡片刻，再将其放入淘米水中泡一会儿，最后在清水中轻轻搓洗两遍即可。如果在淘米水中放几片橘皮，异味更易除去。家中若有食品洗洁精，可用来进行最后一道工序的清洗。

●清洗牛肚的窍门

牛肚清洗不容易，外面看着挺干净的，其实它黏黏脏脏的一点都不好洗，而且牛是反刍动物，因此，牛肚上难免会沾上一些食物碎屑。下面介绍一个清洗牛肚的妙招：将生石灰 50 克，加入 100 毫升清水，溶解成石灰水。牛肚先用清水冲洗掉粪便，加入石灰水，揉搓，揉掉粗皮，再浸入清水中，用刀刮去余皮，用清水冲净浸泡 20 分钟，即可成白净的牛百叶。

●螃蟹的清洗技巧

大家在饭店吃的螃蟹，都是已经做好的，如果自己做螃蟹吃，为了能吃到干干净净的大闸蟹，第一步是清洗干净。螃蟹的污物比较多，用一般方法不易彻底清除，因此，清洗技巧很重要。先将螃蟹浸泡在淡盐水中使其吐净污物，然后用手捏住其背壳，使其悬空接近盆边，使其双螯恰好能夹住盆边。用刷子刷净其全身，再捏住蟹壳，扳住双螯，将蟹脐翻开，由脐根部向脐尖处挤压脐盖中央的黑线，将粪便挤出，最后用清水冲净即可。

●芋头去皮妙法

由于毛芋头的汁液里含有生物碱，这种成分对皮肤有刺激性，所以接触皮肤时会感到很痒，因此，芋头去皮需要一定的技巧。首先将芋头洗干净，再将芋头放进开水里，稍微焯一下就捞出，芋头的皮就很容易剥下了，而且剥下的是薄薄的一层皮。

●豆芽菜的清洗窍门

市场上出售的豆芽菜通常用含有亚硫酸等漂白剂漂白后出售，因此，必须将豆芽菜浸水，使那些不利于健康的物质溶解在水里，再放入加了醋的热水烫30秒，才可食用。

●清洁球巧擦鲜藕皮

鲜藕做菜须去皮，但用刀削皮往往削得薄厚不匀，削过的藕还容易发黑。用金属丝的清洁球去擦，这样擦得又快又薄，就连小凹处都能擦得干干净净，而且去完皮的藕还能保持原来的形状，既白又圆。

●巧用盐水洗蘑菇

蘑菇口感鲜美、细腻嫩滑，有提高免疫力、防癌抗癌等功效。但新鲜的蘑菇很脆嫩，而且伞状菌盖上有黏液，灰尘很容易粘在上面，蘑菇表面有黏液，粘在上面的泥沙不易被洗净。洗蘑菇时在水里放点儿食盐，泡一会儿就能洗去泥沙。

●葡萄清洗小窍门

先拿剪刀将葡萄剪到根蒂部分，使其保留完整颗粒，再浸泡于稀释过的盐水杀菌，冲洗后表面还残留一层白膜，可挤些牙膏，把葡萄置于手掌间，轻加搓揉，用清水冲洗之后，便能完全晶莹剔透。用盐清洗过的葡萄非常干净，吃起来更安心。洗葡萄的过程一定要快，避免葡萄吸水胀破，容易烂掉。用清水冲洗葡萄至没有泡沫即可，冲洗后再用筛子沥干水分即可，随吃随拿。

●巧洗苹果

苹果是我们最常见的水果之一，我们洗苹果经常只是冲一下水，然而这样并没有洗干净。建议洗苹果时，过水浸湿后，在表皮放一点盐，然后双手握着苹果来回轻搓，这样表面的脏东西很快就能搓干净，然后再用水冲干净，就可以放心吃了。

●栗子去皮窍门

栗子很多人都爱吃，但是栗子难以去皮也是众所周知的，下面介绍一个去栗子皮的小窍门。先用刀把栗子的外壳剖开剥除，再将栗子放入沸水中煮 3 ~ 5 分钟，捞出放入冷水中浸泡 3 ~ 5 分钟，再用手指甲或小刀就很容易剥去皮，风味不变。

●怎样去除大米中的沙粒

吃饭时偶尔会吃到了一两粒沙子，感觉很不舒服。听一朋友介绍可用淘金原理去除沙粒，此法很实用。方法是用大小两只盆，大盆中装大半盆清水，米和适量水放小盆连盆浸入大盆水里。来回摇动小盆，不时地将处于悬浮状态的米浸入大盆。如此反复多次，小盆底部只剩少量米和沙粒。若掌握得好，可将大米全部排出，小盆底只剩沙粒。

食材储存与保鲜

●巧用食盐储存植物油

植物油是居家不可缺少的烹调用油，可是很多家庭在储存方面没有讲究，油很快就氧化酸败了。可将适量食盐加热，放凉后倒入油中，可将油中少量水分吸收。这样不仅延长保存期，且炒菜时油不易喷溅。

●酱油收藏有窍门

酱油是一种发酵豆制品，品质稳定，保存条件适当可长期保存。先将酱油煮沸，待冷却后再装入酱油瓶内，然后再滴上几滴白酒，经这样处理后，既干净卫生，且存放时间长。但处理时不可多次煮沸，以免营养丧失。

●防鲜鱼发干窍门

鲜鱼储存在冰箱冰柜中，水分很容易流失而使鲜鱼发干。其实防止鲜鱼发干是有窍门，将鲜鱼放置在盐水中冰冻，可避免直接放在冰柜中储存的发干现象。

●巧用米糠存咸肉

东北保存咸鱼咸肉有一妙法，用此法储存的咸肉既保持了原本风味，且尝起来有一股特别的酒香。做法即选用米糠，将咸鱼、咸肉埋在米糠下，这样不仅可以起到保鲜的作用，还能让肉质更细嫩。

●巧用蜂蜜保存鲜肉

将猪肉切成10厘米见方的方块，然后在猪肉上涂上蜂蜜，再用线把肉穿起来，挂在通风处，可存放一段时间，肉味会更加鲜美。

●浸泡法保存海蜇

海蜇味道鲜美，但是购买回家之后如果保存不当，容易变质，导致口感不佳。有什么办法可以保存呢？按500克海蜇、50克盐、5克矾的比例，用温开水将矾和盐化开，待冷却后倒入盛放海蜇的坛子，以浸过海蜇为宜，然后将海蜇密封。

●贮存豆腐妙法

要使豆腐2～3天不坏，可将没有吃完的豆腐放入烧开、冷却后的盐水中浸泡，这样保存的豆腐不失其原味。

●活鱼存活窍门

把鱼嘴扒开，往里面滴几滴白酒，然后放置在阴凉、黑暗处。鱼盆盖上能透气的东西，可使鱼存活数日。也可放在冰箱中的果盆中带水养，很长时间不会死掉。

●鲜虾保鲜的妙法

活虾最好是水养保鲜，但不具备此条件时，一友人介绍一妙法：可将鲜虾用沸水或滚油断生，晾一晾后放入冰箱。这样即使虾死后其红色也不会消失，最主要的是这样做可以保住虾的鲜味，口感与活虾没有区别。

●洋葱保存法

将一个个洋葱装入不用的丝袜，在每个中间打个节，使它们分开，并将其吊在通风的地方，就可以长期保存而不会腐坏。

●韭菜保鲜妙招

韭菜买回来之后，有些叶子很快变得枯黄，甚至会糜烂掉，所以一般不敢多买。本人分享一个有效保存韭菜的方法：用菜刀将大白菜的根部切道口子，掏出菜心。将韭菜择好，不洗，放入白菜内部，包住，捆好，放在阴凉处，不要沾水，能保存两周之久，不霉、不烂，不失其鲜味。也可用陶瓷盆，盛适量清水，将韭菜用绳捆好，根朝下，泡在水盆中，可保持几天不烂不干。蒜黄、青蒜等都可用此法保鲜。

●莲藕保存法

买回的鲜藕一时吃不完，可以用浸水法保存。此法是我在菜场上从一卖菜大妈那得知，且经过多次实践，非常实用。具体方法是：将莲藕洗净，从藕节处切开，使藕孔相通，放入凉水盆中，使其沉入水底。置盆于低温避光处，夏天 1 ~ 2 天、冬天 5 ~ 6 天换一次水，这样夏天可保存 10 天，冬天可保存 1 个月。

●冬笋储存窍门

取酒坛、罐或缸，将冬笋放入，用双层塑料薄膜将盖口扎紧，或取不漏气的塑料袋，装笋后扎紧袋口，可保鲜 20 ~ 30 天。

●巧用小苏打保鲜柑橘

把柑橘浸泡在小苏打水中，1分钟后捞出。待表皮水分晾干后，装进塑料袋中，密封袋口，可保鲜3个月。

●西瓜贮存窍门

取吃剩的其他西瓜的瓜皮或瓜枝蔓，挤出其汁液，涂在浸过盐的西瓜表面，便形成防腐加强膜，经过这样处理的西瓜可保存1个月左右不变质。

●塑料袋贮藏栗子妙法

将栗子装在塑料袋中，放在通风好、气温稳定的地下室内，气温在10℃以上时，塑料袋口要打开；气温在10℃以下时，把塑料袋口扎紧保存。初期每隔7～10天翻动一次，1个月后，翻动次数可适当减少。

●削皮水果保鲜法

苹果、梨削皮后，如果用醋水洗一下，可抑制变成褐色，保持原有的色素。也可放在淡盐水中，隔日再吃时不变色，而且鲜脆可口。这样削过皮的水果就不会变质，口感依旧。

●贮存苹果妙法

准备一个洁净、无病虫的木箱或纸箱，将经过挑选的苹果，用纸包好整齐地码放在箱内。为防止果箱磨破苹果，应在箱底及四周垫些纸或草。包苹果的纸要用柔且薄的白纸，纸的大小以能包住苹果为宜。码放的苹果要梗、萼相对，以免被刺伤。苹果与苹果之间可以放一些碎布或草，避免苹果在箱内滚动。将包装好的箱子放置在0℃～1℃的地方。

●长时间保鲜荔枝

把鲜荔枝放进沸水中浸泡几秒钟，然后及时捞起放进5%的柠檬酸和2%的氯化钠水溶液中浸泡约2分钟，捞起沥干水分，再放进冰柜中贮存，可保持2～3个星期不会腐烂变质。

烹调技艺

●开水煮饭最营养

用温水泡米，然后再开水煮饭最有营养。这是因为温水泡米有助于钙的吸收，开水煮饭可以缩短蒸煮时间，防止米中的维生素因长时间高温加热而受到破坏。而且水烧开后，水中的氯气得到挥发，避免煮饭时破坏大米中的B族维生素。

●炒出香喷喷的蛋炒饭

将鸡蛋打入碗中，用筷子顺一个方向搅拌均匀，然后直接倒入米饭里迅速将蛋饭搅拌均匀。加葱、姜末等调料，用旺火热油稍炒，即成为香喷喷的蛋炒饭了。

●煮粥不外溢的窍门

煮粥最令人头痛的就是，煮沸的粥会溢出锅外，尤其是人不在厨房时，粥汁流得灶台上到处都是。下面介绍一妙方可使粥不外溢：在粥煮沸前往锅里滴几滴芝麻油，煮沸后把火调小一点儿，这样不管煮多长时间，粥都不会外溢。

●让粥更滑的窍门

熬粥的米要泡一夜，泡过一夜的米会有一些发胀，接下来要把水沥干，放入适量花生油搅拌，直至每一颗米粒都油光可鉴。这样做能使粥更滑。这是因为油吸附能量的本领比水要大得多，当米粒沾上了油以后，沾油的部位可以在短时间内集聚超过水温很多的热能，本来就“军心涣散”的米粒，就会率先在这个部位“开花”，这是熬粥最关键的“一步”。

●煮松花瘦肉粥的窍门

煮皮蛋瘦肉粥要预先“腌”米，“腌米”的方法如下：取约半碗米淘洗干净后，用 2 汤匙油、1 茶匙盐和少许水（2 茶匙）拌匀，腌半小时。虽然用了很多油，但是油会在煮粥的过程中挥发，令米绵烂，所以粥吃起来并不油腻。

●口感柔软的清汤挂面

煮是烹饪中的一种常用方法，但是根据煮的食材不同，煮也有很多技巧。煮挂面不要等水沸后再下面，当锅里有小气泡往上冒时就下面，搅动几下，盖锅煮沸，加适量冷水，再盖锅煮沸就熟了，这样煮出的挂面柔软而且汤清。

●蒸馒头的要诀

冬季蒸馒头，和面、发面要比夏季提前一两个小时，和面时要尽量多揉几遍，使面粉内的淀粉和蛋白质充分吸收水分。和好的面要保持28℃～30℃的温度，使面团充分发酵。制馒头坯时，要先行揉制，然后再成形；馒头坯上屉前，要先将笼屉预热一下。馒头在蒸制前要经过饧面，冬季大约需要一刻钟，夏季的时候时间可以短一些。要使馒头坯保持一定的温度和湿度，锅底火旺，锅内水多，笼屉与锅口相接处不能漏气。

●巧炸饺子

炸饺子时，一定要先将油烧滚烧开后，再把饺子放进油锅里，这样炸出的饺子就不会露馅。如果在油还没有烧开或温度不够高的时候就将饺子放进去，炸出来的饺子不仅容易露馅，还不够松脆可口。

●巧蒸冷冻面食

冷冻烧卖、蒸饺及包子，去除包装袋后，不必化冰，在表面洒上少许白酒放入电饭锅、蒸笼或微波炉里蒸熟，芬芳味美。

●烧肉加橘皮肉香而不腻

肥肉吃起来虽然口感柔软，但是很油腻，吃两块就吃不下了。要想肥肉不腻，在烧肉时加点橘皮就行，这样烧出来的肉不仅不腻，而且香气四溢，十分美味。橘皮可以是干的也可以是新鲜的，如果是干橘皮，可以事先用温水泡一下再使用。

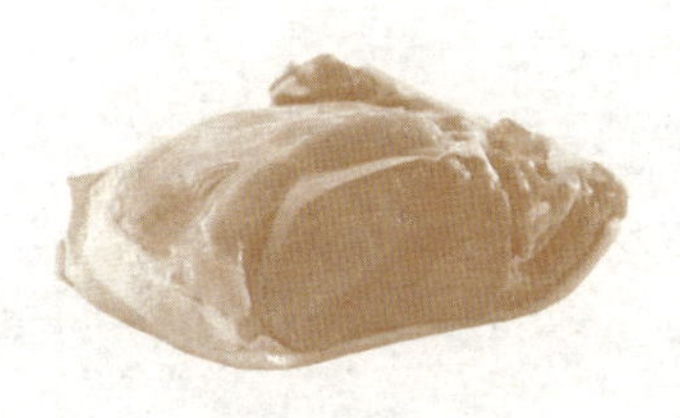

●炖猪肉既酥又烂的妙法

油入锅，放入白糖，将油和白糖炒成金黄色后，将切好的肉块放入锅中上色，再倒入酱油、五香粉、盐等调味料，在锅中烧炒一会儿，待入味后，加入适量水和葱、蒜、姜、八角、茴香、花椒、桂皮等调味料，最好放入一些山楂或几片萝卜，先用旺火烧开，再用慢火炖三四小时即可。

●鲜香可口的厚猪肚

猪肚煮熟后，切成长条放在碗内，加一些鲜汤，放到蒸锅里再蒸一会儿，猪肚便会变得比原来厚一倍，而且吃起来松软滑嫩。但要注意，不能先放盐，否则，猪肚就会紧缩成牛筋一样。

●炖鸡有窍门

将鸡块倒入热油锅内翻炒，待水分炒干时，倒入适量香醋，再迅速翻炒，至鸡块发出噼噼啪啪的爆响声时，立即加热水，再用旺火烧 10 分钟，即可放调料。转小火再炖 20 分钟，淋上香油即可出锅。

汤炖好后，待温度降至 80℃ ~ 90℃时或食用前再加盐。因鸡肉含水分较多，若先加盐，鸡肉在盐水中浸泡，组织细胞内的水分向外渗透，蛋白质产生凝固作用，使鸡肉明显收缩变紧，影响营养成分的溶解，且煮熟后的鸡肉趋向硬、老，口感粗糙。

●怎样煎鱼不粘锅

煎鱼前将锅洗净，擦干后烧热，然后放油，将锅稍加转动，使锅内四周都有油。待油烧热，将洗净的鱼（大鱼可切成块）薄薄沾上一层面粉放进去，鱼皮煎至金黄色再翻煎另一面。这样煎出的鱼块完整，也不会粘锅。如果油不热就放鱼，就容易使鱼皮粘在锅上。

●炒鸡蛋宜加少量白砂糖

炒鸡蛋时加入少量白砂糖，会使蛋白质变性的凝固温度上升，从而延缓加热时间。白砂糖具有保水性，因此可使蛋制品变得蓬松柔软。需要注意的是，白砂糖只需加少量，以免影响炒鸡蛋原本的味道。

●不粘锅的酸辣土豆丝

由于土豆中的淀粉含量丰富，所以炒土豆丝很容易粘锅。炒土豆丝之前，将其放入在清水中浸泡 1 ~ 2 分钟，去掉过剩的淀粉，然后将土豆丝捞起，滤干水分，再下锅翻炒，土豆丝就不容易粘锅了，而且炒出的土豆丝口感更好。

●海带加醋煮容易烂

海带营养丰富，还含有大量的碘，用海带煮汤味道鲜美。但是海带虽质地柔软，却不易煮烂。煮海带时加几滴醋，海带就很容易煮烂，或者放几棵菠菜和海带一起煮，也能达到同样的效果。需要注意的是，不论是放醋还是加菠菜，都只能适量，放得过多，会破坏海带汤原本的鲜味。

●炒大白菜的窍门

大白菜宜用旺火速炒，而不宜用炖或煮的方法来烹饪。炒大白菜时，锅内温度要在 200℃ ~ 250℃之间，加热时间不宜超过 5 分钟。只有这样才能防止维生素和可溶性营养素的流失，并且减少叶绿素的破坏。

●烹调青菜不宜加醋

青菜中的叶绿素在酸性条件下加热极不稳定，其中的镁离子可被醋酸中的氧离子取代，从而生成橄榄脱镁叶绿素，使青菜中原有的营养成分大大降低。所以，在烹调青菜时最好不要加醋。

●快速煮绿豆汤

绿豆汤不仅味道鲜美，还能消暑解渴，是很好的天然保健佳品。但是绿豆汤煮起来却很费时间，有的人没有这个耐心。本人有一快速煮出一锅绿豆汤的方法：先将绿豆在铁锅中炒 10 分钟，注意不要炒焦，再将绿豆加冰糖煮，很快就能煮烂。这样煮出的绿豆汤不仅省时间、节约能源，而且汤喝起来更香浓可口。

●烹调中用盐的技巧

烹调前加盐，即在原料加热前加盐，目的是使原料有一个基本咸味。烹调中加盐，即在菜肴快要成熟时加盐，减少盐对菜肴的渗透压，保持菜肴嫩松，养分不流失。在运用炒、烧、煮、焖、煨、滑等技法烹调时，都要在烹调中加盐。烹调后加盐，即加热完成以后加盐，以炸为主烹制的菜肴即可烹调后加盐。

●巧用紫菜除汤中油腻

肉汤或骨头汤煲好后，因为油脂过多，常常在汤面上浮起一层油，汤喝起来太腻，怎样才能减少汤的油腻感呢？将少量紫菜在火上烤一下，然后撒入汤中，几分钟后，汤中的油腻物都被紫菜吸收了，汤喝起来不仅清淡，更有利健康，味道也变得更特别。

健康饮食

●冬天吃海带可御寒

冬天天气寒冷，适当多吃些海带，不仅能使身体更强壮，还可以起到很好的御寒作用。因为补充富含钙和铁的食物可提高机体的御寒能力。科学家们发现，海带是人类摄取钙、铁的宝库。海带还富含碘，碘能促进甲状腺素分泌，而这种甲状腺素能加速体内很多组织细胞的氧化，增加身体的产热能力，使基础代谢率增强，皮肤血液循环加快，起到抗冷御寒的作用。

●吃葡萄柚可减压

葡萄柚不但有浓郁的香味，更可以净化繁杂的思绪，提神醒脑。葡萄柚所含的高量维生素C，不仅可以维持红细胞的浓度，提高身体抵抗力，而且可以提交抗压能力。

●多吃橘子可护心

经医学研究证明，多吃橘子可降低患心脏病和中风的概率。橘子中富含的钾、B族维生素和维生素C，可在一定程度上预防心血管疾病。有食品专家指出，橘子中含有抗氧化、抗癌、抗过敏成分，还能防止血凝。

●牛奶最好晚上喝

早晨空腹喝牛奶，牛奶会很快经胃和小肠排进大肠，导致牛奶中的各种营养来不及消化吸收就进入大肠，造成浪费。

晚上喝牛奶的效果最好。因为人体在午夜后，血液中的钙含量下降，出现低血钙状态。为了满足血液中的含钙量要求，机体内部就会进行调整，骨骼组织中的一部分钙就会进入血液。长此以往骨质就会脱钙，造成骨质疏松，老年人更有骨折的危险。睡前喝牛奶，就正好赶上午夜的低血钙状态，牛奶中的钙可以补充血液所需的钙量，避免从骨组织中调用钙。

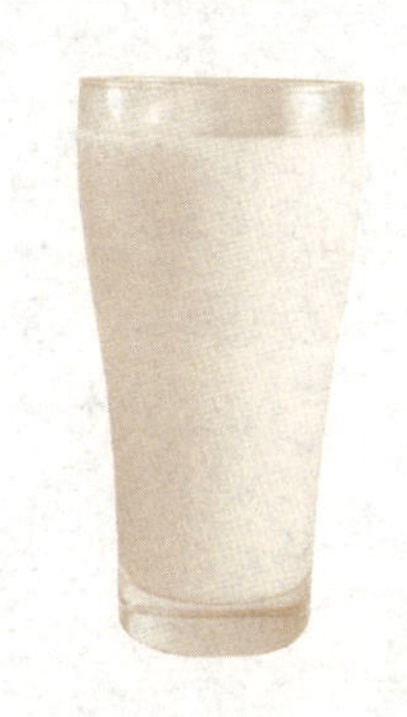

●碱性食物易消除疲劳

压力越大，人就越容易疲劳。当人体处于疲劳状态时，体内酸性物质会聚集，导致疲劳加重。因此，多摄取碱性食物，能使酸碱达到平衡，缓解我们的生理和心理压力。

一般来说，凡是含钙、钠、钾、镁等元素总量较高的食物，在体内最终都会代谢成碱性的食物，如海带、菠菜、胡萝卜、芹菜等。水果在味觉上呈酸性，但在体内氧化分解后会产生碱性物质，故也属于碱性食物。如果要吃酸性食物，如龙虾、鸡肉、鸭肉、牛肉、猪肉等，则要控制分量，以免破坏体内的酸碱平衡。

●饭后不要立即刷牙

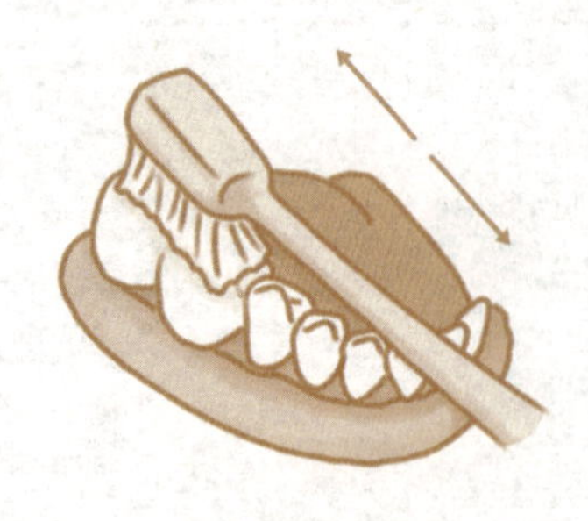

口腔专家最新研究认为，饭后立即刷牙有损牙齿健康。

专家认为牙冠的表面有一层珐琅质，刚吃过饭后，尤其是食用了酸性食物后，珐琅质会变松软。这个时候刷牙，势必造成珐琅质的流失。时间一长，牙齿的珐琅质逐渐减少，容易患上牙齿本质过敏症，吃东西时牙齿就会出现酸、痛症状。因此，进食后最好先用清水漱口，待 1 ~ 2 时后再刷牙。

●发红的汤圆有毒

有的汤圆看上去色白如初，烧煮后却呈红色，这说明糯米粉已经变质。这种变质的糯米粉，已经受到一种叫酵米面黄杆菌的污染，这种细菌一经加热即死亡，呈黄红色。但该菌释放的黄杆毒素 A 却留在米粉里，它属于细胞毒，能使人体细胞变性坏死，造成组织器官的功能减退。因此，一旦发现煮好的汤圆发红，就不要再食用了。

●滋补品不能用沸水泡饮

时下吃滋补品的人越来越多，但许多人都习惯用沸水冲饮，这种方法是不大科学的。因为滋补品中所含的许多营养素很容易在高温作用下分解变质而遭到破坏，一般滋补品加热到 60℃以上，其中某些成分便会发生变化，因此，只需用近 60℃的温开水调匀即可食用。

●酸奶最好饭后喝

酸奶不仅有助消化还很美味。饭后 30 分钟到 2 个小时之间饮用酸奶效果最佳。在通常状况下，胃液的 pH 值在 1 ~ 3 之间；空腹时，胃液呈高酸性，pH 值在 2 以下，不适合酸奶中活性乳酸菌的生长。只有当胃液的 pH 值比较高时，才能让酸奶中的乳酸菌充分生长，有利于健康。因此，饭后 2 小时左右，胃液被充分稀释，pH 值会上升到 3 ~ 5，这时喝酸奶，对吸收其中的营养最有利。

●吃甜品有助心理减压

当集中精力忙碌数小时后，会出现精神不济的现象，这与大脑能量过度消耗有关。此时，应增加糖类的摄入（糖尿病患者除外），补充大脑活力，帮助振奋情绪，舒缓心理压力。

第二章

服饰与收纳篇

五颜六色的服饰丰富了我们的生活，要想穿上一身舒服、潇洒、靓丽的衣服，首先，要根据季节和材质把好选择衣服的第一关。其次，衣服穿在外面，很容易被各种灰尘污物弄脏，怎么保证洗涤后的衣服既干净又不破坏原来的质地和造型就显得非常关键。最后，服饰的收纳也非常重要，不仅能节约空间，还能养护好服装。

服饰选购

●挑选羽绒服要诀

羽绒服能够提供很好的保暖效果，挑选羽绒服的秘诀要从以下细节做起。

看含绒量： 羽绒服一般以含绒量越多越好。可将羽绒服放在案台上，用手拍打，蓬松度越高说明绒质越好，含绒量也越多。

看绒色： 羽绒有纯白绒和花绒两种。若选购浅色面料的羽绒服，应选内装纯白绒的，否则看起来较脏。

看面料： 羽绒服有多种面料。全棉防绒布料表面有一层蜡质，耐热性强，但耐磨性差；防绒尼龙绸面料耐磨耐穿，防绒性好，但怕烫怕晒。

看做工： 选购羽绒服时，要看缝合处是否结实，有无漏绒现象；拉锁、铜扣是否完整、顺畅；羽绒服里面是否平整等。

●巧妙鉴别腈纶棉羽绒制品

你买到的羽绒是正品吗？辨别真假羽绒有以下方法。

摸一摸： 腈纶棉假羽绒制品一般是在腈纶棉上铺一层羽绒，所以我们购买时可用手里里外外仔细地摸一摸，如一面能摸出一些毛梗，而另一面则非常柔软平滑，这种产品多半就是假冒产品。

拍一拍： 用双手从里面和外面同时拍打羽绒制品同一部位的填充物，如果是真羽绒制品，受拍打的羽绒就会集中起来，而另一部分的羽绒就会减少，对着阳光一照就会透亮。如果是絮有腈纶棉的假羽绒制品，就不会出现这种情况。

●仿羊皮服装优劣识别

辨别仿羊皮服装的质量好坏有以下两种方法：

一观感。好的仿羊皮服装表面不大光亮，涂层上有小颗粒花纹，酷似真羊皮，严寒天气表面没有霜迹。

二触感。料质厚薄均匀，柔软具有弹性，用力拉伸变形不明显，即使是严寒天气，用手触摸仍无发硬、发凉、潮湿感。这样的仿羊皮服装透气性好，防风、耐寒力强。

总之，质量不好的仿羊皮服装，质地发硬，涂料厚薄不均匀，布基质不完全符合标准，做工粗糙，而且大多无正规生产厂家名称，无明确商标。只要认真观察，就会辨出优劣。

●选购保暖内衣四部曲

目前，保暖内衣市场上存在各种陷阱，为了防止买到劣质产品在选购保暖内衣时一定要做好摸、听、试、选四部曲。

1. 摸：手感柔顺、无异物感的产品说明其用料较好；
2. 听：选购时只需轻轻抖动或用手轻搓，听一下有无“沙沙”声，如果没有这种声音，说明可能不含 PVC 塑料膜或者用料处理得较好；
3. 试：将其穿在身上是否有臃肿、迟滞的感觉，各关节的活动是否自如；
4. 选：应选购实力雄厚、信誉良好的企业的产品，确保购买后无后顾之忧。

●选购文胸要诀

文胸是保护乳房、美化乳房的女性物品。在选择胸罩时，型号应与自己的胸围及乳房大小相适应，太紧了会影响乳房发育，太松了又起不到固定作用。胸罩的面料要选择柔软、有承托力、透气性好的，一般以薄棉布为最佳。尼龙布胸罩虽具有华丽、弹性好的优点，但透气性差，夏天最好少用。胸罩的背带不能太细太窄，应有两个手指的宽度，以免损伤皮肤。

●怎样选购合身牛仔裤

牛仔裤是衣柜里不可或缺的单品，该怎么挑牛仔裤才能显高又显瘦？以下是我总结出的一套挑选牛仔裤的方法：

一看腰部。牛仔裤的裤腰处应该稍显宽松，这样的裤子穿起来也更舒适，因为它可以为你在坐下的时候留出余地。

二看裤腿。牛仔裤的裤腿应该选择肥瘦合适的。肥瘦合适是指在坐下时大腿处的裤腿稍稍有一点松。

三看裤脚。牛仔裤的裤脚可以选择经典的锥形裤和直腿裤，裤脚应该在鞋面最高处以下2厘米左右的地方。

●巧选婴儿服装

初生婴儿应穿有袖的绒布对襟或斜襟短衫，并包裹在绒或棉的襁褓中。2个月以上的婴儿除穿对襟短衫外，还可穿一种睡囊式的连衣裤，以使婴儿活动自由。五六个月后的婴儿，除穿短衫外，还可穿连衣裤、裙、背心等，外出要穿戴帽斗篷或坎肩。10个月以上，就可穿完裆裤了。婴儿服装的面料应柔软、保暖、轻松、耐洗，可用棉布、绒布、棉针织品等。色彩以本色、白色、浅色为好。婴儿服装的式样以宽大、方便、牢固、轻巧为好，一般可选择和尚服。

●男士衬衫巧选购

春夏季节，男士魅力体现于穿着得体的衬衫；秋冬时令，男性风采又表现在衬衫与西服等正装的适宜搭配。可见选择衬衫十分关键。下面介绍几个挑选衬衫的小经巧：

1. 高品质衬衫特点：条纹、格子或图案的连接妥当，尤其是两侧车缝、衬衫前幅及口袋处。

2. 领子的讲究：首先，是领子与脸形的搭配。先认清自己的脸形，再决定哪种领子比较适合自己。圆脸、宽脸宜选较长的领子，如长领型或领子带扣型；长脸、狭脸宜选中长度领子，如领尖全开型或者圆领型。如果颈项长，最好穿领子比较高的；反之，应找领子比较低的搭配。其次是领子的款式，领子有三种标准款式：下扣型、标准型和全开型。下扣型的领子适合商务、休闲或非正式社交场合，但不适宜隆重的社交场合。经典的标准型领子有不同形状和大小。领尖有短或长、宽或细之分，需要严格搭配。此种类型领子比下扣式领子更正式，更适合商务和社交场合穿着。全开型领子较宽，但领尖较短，分得较开，易于搭配，适宜商务、半正式或半休闲场合。最后是领子的尺寸。合乎尺寸的领子，应该有足够的空隙让您舒服地系上领带，可用一根手指放在领子和颈项之间试探领子是否合适。

3. 手臂和肩膀：如果您的手臂较粗，肌肉丰满，则需要宽松的袖子。如果袖子太窄，就会拉紧托肩，使领子起皱纹。袖子的长度在您垂直双手时，应能遮住手腕骨。

●选择得体西装的窍门

选择一套适合自己体型的西装款式需考虑的以下这些因素：衣领必须十分平整，不能有皱纹或突起。胸部应贴身平服，不能起皱，翻领不应翘起或塌下。站立后两手垂直，手心向内贴在西装的两边，手指轻握西装下摆，下摆应正好在拳掌线上。裤子的正常腰身应在肚脐上一点，并与地面呈水平，不能前低后高。检查腰部，蹲下再起立，以臀部感到平滑舒畅为合身。裤边不要拖地，但可稍长些，以防缩水。

●衣领选择要诀

选衣领时，应考虑与自己的脸形相配。圆脸形应选用荸荠领、V字领衣服，可显脸长。长脸形应选用高领、六角领、一字领、方领等，视觉上有缩短脸部的作用。方脸形应选用细长的V字领、小圆领、西装领或高领，以增加脸部的柔和感。三角脸形应选用秀气的小圆领或缀上漂亮花边的小翻领，以使脸部看起来较为丰腴，也可选用细长的尖领或大敞领，以使脸部显得不那么尖削。

●选配纽扣的技巧

纽扣的选择必须和服装式样、衣料质地相协调。较薄衣料应配小而粗的纽扣；粗厚衣料，纽扣可相应大些。需经常洗烫的衣服，最好选用聚酯扣，因为它遇水不变形，遇热不损坏。

纽扣的颜色一般应与服装颜色接近，但黑色和白色纽扣则可以和任何颜色的衣料相配合。当然纽扣颜色与衣服颜色形成强烈对比，会另有一番情趣。

●皮鞋的挑选要诀

男人对鞋的热衷就如女人对化妆品的喜爱一样，从春夏到秋冬都会备上适合各个季节的皮鞋。本人分享下自己给另一半挑选皮鞋的选购方法：

一、根据脚的长度和肥瘦来选皮鞋的尺码和鞋型；

二、检查皮鞋表面是否平滑细致，无皱纹和暗伤，颜色均匀光亮，用手指按一下皮面，皮面皱纹细小，放手后细纹消失，说明皮鞋弹性好，是用好皮料做成的；

三、检查皮的鞋面与鞋底黏合处是否坚固、均匀；

四、看两只鞋的长短、宽窄是否完全相同，鞋跟高矮是否一致，试穿时应不卡脚。

●运动鞋选购妙招

运动鞋穿起来要适脚，不要让人感觉到不舒服；运动鞋的底部要厚、柔软、弹性好，能轻松地做各种运动；好的运动鞋大多是气垫式的，这样才能更好地减少地面对人体的反作用力，更好地保护关节和心脏；鞋帮应有一定的高度，这样可有效地减少踩伤、扭伤等损伤；鞋面应给人柔软随脚的感觉，新鞋也不应有紧绷绷的感觉，这点是很重要的。

●旅游鞋选购窍门

建议到大商场或专卖店购买品牌产品，品牌产品质量一般比较好。

选购时一定要两只脚试穿。不同鞋的鞋型和款式不同，各种鞋的标识也不一样，因此不能光认鞋号而不试穿。而且人的左右脚的大小是不一致的，在早晚也有差异，因此试穿时一定要两只脚都试穿。

选择质量比较好的旅游鞋。从鞋面上看，用指头压下去，如果纹路比较细致、均匀，出现像芝麻般大小的细褶，感觉富有柔韧性和弹性，说明鞋子质量比较好。

另外，选购旅游鞋一定要仔细观察鞋子的做工是否精细。

●如何选购适合自己脸形的帽子

圆脸戴圆顶帽，会显得脸大、帽子小，若戴宽大的鸭舌帽就比较合适。尖脸的人戴了鸭舌帽会显得脸部上大下小，更显瘦削，因此戴圆顶帽比较合适。国字脸的人戴所有的帽子都比较合适。

服饰搭配

●腿粗和腿短的穿衣窍门

腿粗和腿短体型的人穿裤子最好选择直筒或微喇型的，后身没有口袋，前面口袋最好是斜口的，而且裤腿部分不要有横线修饰。窄腿脚的裤子虽然流行，但它只会使您的缺点更加突出。

●如何穿着可以让双腿看起来更修长

裙子不但漂亮，还能修饰腿型，穿对了会让腿看起来更修长。建议为了双腿看起来更修长要避免穿着蓬起的裙子，应选择 A 字裙，或者随身体动作摆动的裙子，如褶裙、圆裙，以转移别人对腿部的注意力。另外，尽可能穿着与裙子同色调的袜子和鞋子，统一的色彩可以造成修长感。

●梨身型的穿衣窍门

窄胸肥臀的梨身型，此乃东方女性的常见身型，整体上可利用颜色的搭配来改变观感，上身穿浅色或鲜艳的衣服，而下身则相反。爱穿裙子的，不妨挑选略宽松的连衣裙，但不是 A 字裙。

●浑圆身型的穿衣窍门

全身裙、过松或过紧的衣服都不适合您，不妨利用配饰和腰带来营造曲线。但要选择小巧的款式，避免过于宽大的和夸张的饰品。

●靴子与服装的搭配技巧

平底靴最好搭配薄裙子，高跟靴最好配上裹得很紧或开衩的裙子。这有一个比例问题，裙子越宽大，靴跟应该越平；裙子越窄，靴跟应该越高；裙子越长，靴跟也越平。一般穿靴子最好不穿袜子，理想的是裙子和靴子中间留出一段皮肤。穿中筒靴时，可穿中长袜，或不透明的长筒袜。

●服饰配色小窍门

漂亮女人不仅要学会服装搭配，还要懂服饰配色。

补色配合法：指两种相对的颜色的配合，如红与绿、青与橙、黑与白等，补色相配能形成鲜明的对比，有时会收到较好的效果。

近似色相配法：指两种比较接近的颜色相配，如红色与橙红或紫红相配，黄色与草绿色或橙黄色相配等。近似色的配合效果也比较柔和。

强烈色配合法：指两个相隔较远的颜色相配，如黄色与紫色，红色与青绿色，这种配色比较强烈。强烈色的配合会给人青春活泼的感觉。

同类色相配法：指深浅、明暗不同的两种同一类颜色相配，比如青色配天蓝、墨绿配浅绿、咖啡配米色、深红配浅红等，同类色配合的服装显得柔和文雅。

●丝巾与肤色搭配小窍门

如今方巾越来越受潮人们的青睐，身边的姐妹们一条小方巾可以玩转出各种时尚小搭配，简单的一条丝巾有时会让人眼前一亮。方巾颜色的选择，应以肤色为准，要挑选与肤色相配，且衬托出脸部神采的方巾。具体做法是：将方巾贴近脸部，观察方巾的颜色是否有辉映脸部神色的效果。需注意的是，色彩深沉单调的方巾易给人神色黯然的印象。

●职场人士服饰搭配技巧

服饰体现出一种礼貌和个人气质，在职场工作中，应选择符合环境和礼节的服饰。

第一，恪守服装本身约定俗成的搭配。例如：穿西装时应配皮鞋，而不能穿布鞋、凉鞋、拖鞋、运动鞋。

第二，选择服装应综合考虑自己的体形、肤色、年龄、职业等多种因素，衣着要适合自己的身材，要整洁、自然、大方。

第三，服装必须整洁，勤换、勤洗、勤熨衣服，不仅自己穿得舒适，而且能产生一种视觉美，给人一种朝气蓬勃、奋发有为的感觉。

●西装的搭配之道

西装搭配也有学问，领带、衬衫、皮带、鞋子、袜子等一样都少不了，并且怎样挑选都是有方法的。

领带：领带长度要合适，打好的领带尖端应恰好触及皮带扣，领带的宽度应该与西装翻领的宽度和谐。

衬衫：领型、质地、款式都要与西装协调，色彩上注意和个人特点相符合。

袜子：宁长勿短，袜子颜色要和西装协调，深色袜子比较安全，浅色袜子配浅色西装。

鞋子：黑色或深棕色系带皮鞋是不变的经典，浅色鞋子只可配浅色西装，休闲风格的皮鞋最好配单件休闲西装。

皮带：穿单排扣西服套装时，应佩戴窄一些的皮带；穿双排扣西服套装时，则佩戴稍宽的皮带较好；深色西装应配深色皮带；浅色西装佩戴皮带在色彩上没什么限制，但别是嬉皮风格的。

●秋冬针织衫与风衣的混搭窍门

近几年，很多人偏爱简约的灰色低领毛衫，搭配腰带装饰，外套紧身合体的风衣，这样更显身材的曲线，另外缠绕的围巾增添时尚气息。冬季是针织衫和风衣控的季节，常见的搭配有：

1. 镂空毛衫内衬衬衫配驼色的风衣更显精致；
2. 白色低领毛衫配复古腰带装饰搭配黑色风衣更显成熟；
3. 黑色针织连身裙搭配驼色风衣更显优雅；
4. 灰色短款针织衫搭配直筒裙适合职业女性；
5. 合体的黑色风衣穿出帅气。

●白皙皮肤适合什么颜色的衣服

大部分颜色都能令白皙的皮肤更亮丽动人，色系当中尤以黄色系与蓝色系最能突出洁白的皮肤，令整体显得明艳照人，色调如淡橙红、柠檬黄、苹果绿、紫红、天蓝等明亮色彩最适合不过。另外，以较重的黄色加上黑色或紫罗兰色的装饰色，或是紫罗兰色配上黄棕色的装饰色对白肤色美女也很合适。

●淡黄或偏黄肌肤适合什么颜色的衣服

皮肤偏黄的人适合穿蓝色调服装，例如酒红、淡紫、紫蓝等色彩，能令面容更白皙。但强烈的黄色系，如褐色、橘红色等色调的服装最好不要穿，以免令面色显得更加暗黄无光彩。

●深褐色肌肤如何搭配衣服

皮肤色调较深的人适合一些茶褐色系，令你看来更有个性。墨绿色、枣红色、咖啡色、金黄色都会使你看来自然高雅。相反，蓝色系则与你格格不入，最好别穿蓝色系的上衣。

●健康小麦色肌肤适合什么颜色的衣服

小麦肤色往往代表着健康，是当今时尚潮流所追捧的一种肤色。拥有这种肌肤色调的女性给人健康活泼的感觉，黑白这种强烈对比的搭配与她们出奇的合衬，深蓝、炭灰等沉实的色调，以及桃红、深红、翠绿等这些鲜艳色彩最能突出开朗个性。

●秋冬季节黑色怎么搭配

秋冬时，大多数人都会选择穿黑色系衣物，那么，黑色系衣服该怎么搭配更好？建议大家这么搭：

1. 红色呢质大衣搭配黑色高领毛衣，再配上黑白格子西裤，红色的热情与黑白结合很完美，既大方又时尚。

2. 黑色高领衫搭配高筒靴，很显气质，风格也独特，这种醒目、简洁的裁剪与色彩构成对比，同时与硬朗质感混合，表现出了淑女的深度诱惑。

●矫正体型的着装技巧

平胸装扮方法： 穿上宽松的上衣（有荷叶边的最好），或穿着胸前打褶的衣服，效果会很不错。不要穿那些突出胸部的紧身衣服。

巨胸装扮方法： 找一件较挺括的胸罩，再配上简单而宽松的上衣，开领的衣服也可以，不要穿双排扣的夹克以及紧身，有前排扣款式的背心。

肥臀装扮法： 轻柔些的打褶裙或一片裙就很适合臀围大的人，剪裁不合身的衣服会凸显您的问题，长裤要宽松些的，上衣也要宽大。

大腹装扮法： 最适合的裙子和长裤是前面和旁边都打褶的。避免宽大或紧身的腰带和上衣，都会突出您的小腹。

小臀装扮法： 穿长马甲，衣服的长度要正好到臀围，不妨试试裁剪宽松的长裤和牛仔裤。但是迷你短裤是一大禁忌。如果把上衣塞进裙子或裤腰里，也会使您的臀部看起来凸一点。

衣物清洗

●洗涤用品忌混用

日常生活中，不少人会把不同类型的洗涤剂混合在一起用，或者把洗涤剂与消毒剂混在一起用，以为这样能增加去污效果，既可以消毒又能够去污。事实上，这样混用不仅不能增强去污效果，反而会产生对抗作用，降低洗涤效果，还可能使混用的洗涤剂发生化学反应，产生对人体有害的毒性物质。

●洗涤衣服应按哪些步骤

洗涤衣服最好按以下步骤清洗，既能把衣服洗得干干净净又不损坏衣物。

第一步： 贴身穿的衣服因为常沾有汗渍，所以换下以后就应该把衣服由里向外翻出，让它彻底变干。

第二步： 尽量用液体洗衣剂，因为固体洗衣粉一旦不能彻底溶解，其成分必将对衣服外部造成损坏。

第三步： 衣服如果有拉链，就把拉链拉上，以免拉链暴露在外，扯坏洗衣机里的其他衣物。

第四步： 材质特别娇贵的衣服尽量用手洗，轻揉轻搓，自然晾干。

●怎样洗毛衣不会硬板

用洗衣粉洗毛衣，毛衣干了之后就会很硬板，穿着不舒服。如果用洗发水清洗就不会出现这种现象。因为洗发水是根据头发的需要配制的，毛线又是动物的毛纺织而成的，所以，用洗发水洗过的毛衣会变得柔软、光滑。

●皮衣变硬了如何回软

皮衣、皮帽等毛皮制品，水湿或受潮后，皮板往往变硬，甚至折裂掉毛。出现这种情况，可用芒硝 1 千克，籼米粉 500 克，加冷水 1500 毫升，化开制成溶液。把毛皮皮板向上平铺在桌案上，先喷洒冷水，使皮板湿润，然后用刷子蘸取上述配好的溶液，均匀地涂刷在皮板上，刷好后静置 2 ~ 3 时，再做第二次涂刷，如此重复 3 ~ 5 次，至溶液浸透皮板为止。晾干以后，再均匀搓揉，皮板就会重新变得柔软而富有弹性。

● T 恤圆领不变形的窍门

圆领 T 恤的领一般是螺纹领，它有不错的弹性，但若拉扯过分，螺纹则难以回复，洗涤多次后就会导致领圈变形。要防止领圈变形，主要还是平时要注意洗涤技巧，晾晒时将衣架从衫脚处伸入 T 恤，不要用力拉扯圆领。

●有色衣服保养要诀

洗涤时使用冷水或温水，擦上肥皂后应马上洗涤，泡久了会损蚀颜色。质料较好的有色衣服不能用刷子刷，以防掉色；厚料衣服刷洗时，下面的垫板应平滑，以防颜色深浅不匀。

不能在太阳下暴晒，以阴干为好。熨烫时最好烫反面或盖一块布烫，以防过热而掉色。衣服易磨损处应用袖套、椅垫、围裙加以保护。雨天晾衣服不易干时，应避免火烤，以防衣服出现绿块，影响美观。

●处理毛衣起球小窍门

毛衣起球真的很烦人，告诉大家两个行之有效的方法，可以尽量减少、防止毛衣起球。

洗涤时把毛衣里朝外，减少毛衣表面的摩擦度，可防止毛衣起球。

如果毛衣已经起球了，最简单的办法就是用那种宽的黏性好的透明胶粘，这是一个比较常用的手动去球的办法。

●巧防真丝衣裙缩水

真丝衣裙洗净后，不要拧，直接从水中拎起，取一普通衣架撑住肩部，再取一个多头衣架，将衣摆或裙摆均匀地夹好。这样真丝衣裙就能保持原来的尺寸。

●如何正确洗内衣

内衣需要常保持干洁如新，洗涤内衣时需要注意以下问题：

不要用洗衣机洗涤内衣。任何内衣都禁不起洗衣机强烈的转动，用洗衣机洗内衣不但会变形，也容易失去弹性，而且洗衣机中的衣物也可能会将内衣精制的网眼钩破。

洗内衣时要先把内衣泡在有冷洗精的水里，轻轻地搓揉，两三下即可洁净。没有加钢丝的胸罩可以用毛巾将内衣轻轻地绞干，有钢丝的胸罩就只能用毛巾轻压胸罩，将水吸干，但是千万不要将杯罩对折拧绞，以防止杯罩变形，待水分吸干一些后，稍稍将内衣整理恢复原形。

●睡衣的洗涤方法

睡衣最理想的洗涤方法是用温水及中性乳剂，以轻按的方式手洗。应先将洗涤剂放入30℃～40℃的温水中，待洗涤剂完全溶解后，才能放入衣物。洗涤剂不能直接沾于睡衣上，以避免造成颜色不均匀。千万不要使用漂白剂，含氯漂白剂会损害质料并使睡衣变黄。用手洗净后在阴凉处晾干，日晒易使睡衣变质、变黄，令其寿命缩短。

●怎样洗泳衣

游泳衣穿完之后必须立即清洗干净，因为海水里面含有盐分，游泳池里面也有氯素，如果放置不管的话很容易褪色。

其实清理游泳衣的方法很简单，首先把泳衣轻轻地用温水冲洗，然后回到家之后用中性洗涤剂手洗，就可以拿到通风好的地方阴干。游泳之后，泳衣里会沾上很多沙粒，晾时抖开衣物，用手指轻轻弹掉沙粒即可。

●如何洗涤童装

儿童服装的洗涤应严格按照产品的明示符号与要求进行，要注意干洗和水洗以及水洗方法与温度的说明。如服装产品挑洗涤说明上标有只能干洗、不能水洗的符号，说明该产品不能水洗。另外，还要注意浅色衣服最好与深色衣服分开洗。

●衬衫领口、袖口的洗涤方法

衬衫的领和袖很容易脏，且污渍顽固，不容易去掉。这里提供一个洗涤和保养的小窍门，帮助您轻松解决问题。

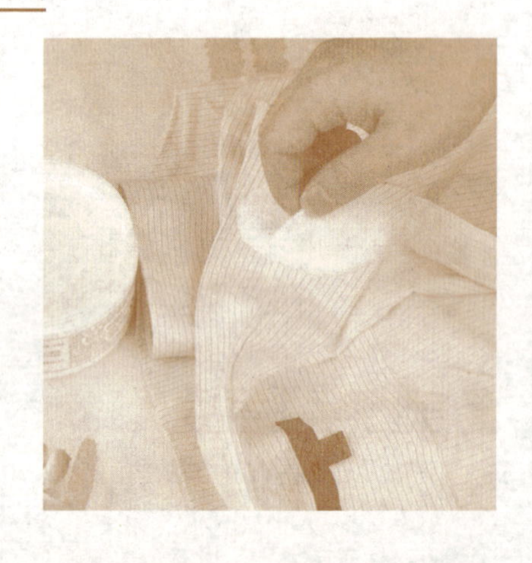

衬衫的领、袖如果用肥皂难以洗净的话，可将领、袖浸湿，然后在上面均匀地涂上一层牙膏，再用刷子轻轻刷洗，待基本刷洗干净后，用清水漂净，再用肥皂洗，领、袖就会格外干净。

衬衫的领衬材料多数是麻布或树脂麻布，为保持其平直挺括不变形，宜用洗衣粉溶液浸泡 15 分钟，再用毛刷轻轻刷洗，不宜用力拧绞、揉搓。

当然，对于我们经常穿的衬衫，如果平时注意保洁，洗涤时就会省时省力。比如，在新的衬衫领口、袖口易脏处，用蘸上汽油的棉花球轻轻擦拭一遍。待汽油挥发后，再投入清水中漂洗。这样处理过的衬衫领口和袖口，穿时就不容易弄脏，即使穿脏了也容易洗净。

●洗刷旅游鞋的小窍门

洗刷光面皮革制成的旅游鞋，可先用布擦净皮革表面的灰尘和污渍，如果擦不掉，可用湿布擦拭。洗刷白色革面的旅游鞋，可先蘸上洗洁精擦拭，鞋擦净后涂上少许同色鞋油，用正确的方法擦亮即可。洗刷毛面皮革制成的旅游鞋，可先用刷子刷去鞋的灰尘，污渍处可用细砂纸打磨一下，最后涂上麂皮粉擦拭干净即可。

●如何巧洗白球鞋

白球鞋清洗起来不简单，没掌握好清洗方法就会变黄，推荐大家一妙招可让白鞋洗后不变黄：先用肥皂或洗衣粉将鞋子洗刷干净，把洗好的球鞋在啤酒中浸泡 3 分钟，然后把球鞋拿到阳台，放在阴凉处，并且在鞋面上盖上卫生纸晾干，这样白球鞋很容易就干净了，并且晾干后洁白如新不会染黄。

●巧洗白色衣物

白色的袜子穿的时间一长，就会发黄，如何让发黄的白袜子变白，我学会了一个小技巧：往温水里加点柠檬汁，或是在水中放入两片柠檬，然后放入洗好的白袜子浸泡 10 分钟，就能使白袜子变得亮白如新了。

白色衣物日久变黄，是衣物纤维中的某些物质和氧气化合的结果。而柠檬中含有大量的柠檬酸和维生素 C，维生素 C 有比较好的抗氧化性，能够将这些氧化物还原，从而使衣物恢复从前的洁白。

●绸缎被面干洗法

如果绸缎被面不太脏，可采以下方法进行干洗：

具体做法是先将汽油倒入盆内（ 1 升汽油可洗 3 个被面），然后将被面放入盆内用手淋洗、揉洗，再将被面脏处放在平板上，用软刷顺着被面纵向轻轻刷洗后用白布或毛巾裹起，轻轻拧干，最后凉在通风处让汽油挥发干净。用此方法洗时，要注意防火，以免发生火灾。

●涂擦皮鞋油窍门

皮鞋第一次擦油，应该在穿新鞋前进行。在皮鞋没污垢的情况下开始擦油，能很好地保持皮鞋的色泽和光亮。以后在穿用过程中，每 2 ~ 3 天需要擦一次鞋油。涂擦鞋油的一般方法是：先除去鞋底上的泥土和污垢，并用刷子将鞋缝和鞋带间的尘土仔细刷掉。再用布蘸些除污剂，稍用力将鞋面污物、涂过的鞋油等擦掉。最后再均匀地擦上鞋油。

●枕头如何洗涤

枕头可使用性质温和的洗衣粉进行洗涤。先把枕头放进洗衣粉溶液内，不断用手挤压枕头，直到洗干净为止，多余的洗涤液一定要挤尽。过清水，直至把枕头漂洗干净。最后把多余的水分挤干即可。

●洗涤领带小窍门

首先把污迹浸在水中，然后用手轻擦污迹。如要使用清洁剂，需选择性质温和的清洁剂，并且先在领带的背面或其他不会被看到的地方试一试，避免洗掉领带的颜色或损害面料。

●羽绒服的洗涤

羽绒服较难清洗，有一个小窍门可帮助除掉小块的脏迹。对于领口、袖口、下摆等易脏处，可随时用蘸上 120 号汽油擦拭，再用工业酒精擦一擦就可去污。需要水洗时，在 20℃ ~30℃的温水加入中性洗涤剂或肥皂粉，将羽绒服浸泡 5~10 分钟。洗涤时不可用搓板搓，以防鸭绒堆拢。只能用软毛刷子轻轻刷洗，待污渍洗去后，用清水过净。

洗净后不要拧干，可用干毛巾挤压掉水分。将衣物抖散、摊开、拉平，用衣架将羽绒服挂在阴凉处晾干，不能让阳光暴晒。收藏时，将羽绒服折叠平整，放入衣箱。由于羽绒服装不会被虫蛀，所以衣箱中不必放樟脑丸。

●衣物互染后巧恢复

夏天大家都爱穿带颜色的衣服，但在洗涤时应将棉麻衣物与带色的丝织衣服分开，否则混合洗后会出现衣物颜色互染现象。一旦出现衣物互染的情况，可先将被染的衣物放在盆中，用清水泡一泡，倒掉水后用刚煮开的肥皂水直接倒入盆中，泡 10 分钟左右，再用手轻轻揉一揉即可恢复成原来的颜色。

●巧去白裤上的橘子水

掰橘子时汁水溅了出来，刚好穿了件白衣裳，上面落了几滴橘水。一好友让我马上把食盐撒在污处，用手轻搓，然后用水润湿，再浸入洗涤剂溶液中洗净，即可洗净，此法此效果很好，白色衣服上没有一点痕迹。

●巧除酱油渍

新染上的酱油渍，可先用冷水清洗后再用洗涤剂洗净除去。陈旧渍，可在洗涤剂溶液中加入适量氨水浸洗，也可用 2% 的硼砂溶液洗涤（丝织品与毛织品除外），或者用白萝卜汁或白糖水或酒精洗刷揉搓去除。

●巧除咖啡渍

衣服沾上咖啡液后，可采取以下方法进行清洗：用甘油和蛋黄混合溶液擦拭，稍干后，再用清水漂净。也可用 3% 的过氧化氢或浓食盐水或甘油溶液清洗去除。

●如何去除万能胶污渍

织物沾染上万能胶污渍，可用丙酮或香蕉水滴在胶渍上，用刷子反复刷，待胶渍变软从织物上脱落后，再用清水漂洗，可反复刷洗几次，最终洗净。需要注意的是含醋酸纤维的织物切勿用这种方法，避免损伤织物面料。

●巧去头油及染发水污渍

头油和染发水也是酸性染料的一种，对毛纤维的着色能力很强，一旦染上污渍很难去除，在白色的衣物上就更为明显。可根据织物纤维的性质，分别选用次氯酸钠或过氧化氢对污渍进行氧化处理，即可去除污渍。

熨烫收纳

●熨裤子妙法

衣服长时间叠放，下摆、衣袖或裤脚上会形成死褶。对此，可用醋沿着褶纹擦拭，再用熨斗熨，就很容易把褶纹烫平。熨裤子时，若在折线上铺一块浸泡过醋的布，然后再用熨斗烫，就会笔挺。此外，直接用醋弄湿裤子的折线再烫也可以。

●怎样熨平衬衫领子

衬衫穿过几次，领子即打皱变软，可在洗净的衬衫领子后面均匀地涂上无色透明胶水，使其湿透，待 1 小时后，用电熨斗熨平即可。

●熨烫衣领的技巧

将衣领平摊在熨衣板上，按压下去，从衣领的一边向内（颈部后面）熨，衣领的背面也要熨烫一遍。不论圆形、尖形还是方形，在整烫时注意不要把它拉开变形，最好是固定形状再熨烫；有领片的，不要将领褶线烫死，在熨烫以后，趁它温热时，用手翻折轻压，这样领片看起来会比较活。

●熨领带窍门

熨烫领带时，熨斗温度以 70℃为佳。毛料领带应喷水，垫白布熨烫；丝绸领带可以直接熨，但熨烫速度一定要快，以防止出现“极光”和“黄斑”。熨领带时，可先按其样式，将厚一点的纸张剪成衬板插进领带正反面之间，然后用温熨斗熨烫。这样不容易使领带反面的开缝痕迹显现到正面，影响正面的平整美观。如果领带有一些轻微的褶皱，可将其紧紧地卷在干净的酒瓶上，隔一天皱纹即可消失。

●补救衣服烫黄的技巧

熨衣时，常会因不慎将衣服烫黄或烫焦，影响美观。出现这种情况怎样补救呢？

棉织物：烫黄时可马上撒些细盐，然后用手轻轻揉搓，再放在太阳底下晒一会儿，用清水洗净，焦痕即可减轻甚至完全消失。

丝绸：烫黄时可用少许苏打粉掺入水调成糊状，涂在焦痕处，待水蒸发后，再垫上湿布熨烫，即可消除黄斑。

呢料：烫焦部位经刷洗后会失去绒毛，用手缝针轻轻摩挑无绒毛处，直至挑起新的绒毛，垫上湿布，用熨斗顺着原织物绒毛的倒向熨烫数遍即可。

化纤衣料：烫黄后要立即垫上湿毛巾再熨烫一下，轻者还可能恢复原状，严重烫伤，则只有采用相同颜色布料缝补。

●如何选择熨烫方式

干热熨烫：适宜熨烫棉、混纺、麻类衣物。非常干燥的衣物，需在表面用雾气轻微润湿后再进行熨烫。

蒸汽熨烫：适用于羊毛制品、针织制品等。用电熨斗轻触衣物，然后喷出蒸汽。如果要熨烫出折线，先把垫布置于上面，然后熨烫。

●熨烫应注意三个要点

一温度。最重要的是温度，温度要符合衣服标签上的说明。如果在要熨的衣物上覆盖一层薄布，温度会下降30℃～50℃。

二压力。熨烫衣服时不要用太大力，只要像手握鸡蛋那样的力量就行了。

三加湿。给衣物加湿要适量、均匀。

●掌握熨烫温度的窍门

纤维织物耐热性差，湿温达到 80℃时，纤维强力降低，因此只宜干烫。涤纶、锦纶、腈纶和人造纤维等中厚织物，熨烫温度在 140℃～150℃比较合适；熨烫同类浅色薄型织物时，温度在 130℃左右；丙纶织物不超过 100℃；氯纶织物不超过 70℃。熨烫时应注意三个要点：压力不要太大，熨斗要不停移动。

●收藏夏装小窍门

在收藏夏装前要做一些准备工作，比如柜子要清洁、衣物入箱前应晾干、熨烫过的衣服要等晾凉后再收存等。衣服上如果有金属饰物、金属纽扣，应取下单独收存比较好，免得金属饰物、饰品氧化后损坏衣物。

夏天的衣物虽然大多轻薄易叠，但“脾气禀性”不一样，有的柔弱怕压，有的好侵染“邻居”，把它们一股脑儿堆在一起，可能会互相侵犯，所以，在收藏时要把容易褪色、变色的衣物挑出来，用纸袋或塑料袋包好。针织衣衫用衣架挂起来容易变形，最好叠起来存放；丝质衣物怕压，易生皱又不好熨烫，它们理所当然要“踩”在棉麻、涤纶等织物的上面。

如果是把夏季衣物集中收藏装箱，最好选择一个晴朗干燥的天气，这样可以减少湿气入箱。

●如何收纳婴幼儿衣物

收纳婴幼儿衣物时，衣物一定要洗净，晾晒干透后，叠整齐收起来。衣物要放在干燥、通风的地方，最好是木制的衣柜，而且要经常打开通通风，保持衣物干燥。不要用密封袋保存幼儿衣物。不要放樟脑丸，因其对人体有害，故衣柜内不宜放置。其他不明身份的驱虫剂最好也不要使用。之后穿衣前要再晒一晒，如果放了几个月的衣服，穿之前最好要放在通风处晒一下。

●干洗后的服装如何收纳

干洗过后拿回来的衣服都会套上一层透明的塑料袋，很多人认为正好可以防尘，就直接收到衣柜里去了。一友人提醒我，其实通常干洗后的衣服，还会有湿气和一些化学气体残留在上面，最好能够挂在通风的地方凉一阵子再收起来，这样能够保持衣物的良好状态。

●衣物收藏防潮有绝招

防水剂可以防水，也有防污效果，因此，使用喷雾防水剂可以用来给衣物防潮。使用喷雾防水剂有技巧，要在衣物新买来或者洗涤干燥后喷射。如果衣物出现皱纹，喷雾时会不均匀，因此要把衣物拉平后再喷。喷射喷雾剂时要注意房间的空气畅通，不能关闭窗户。

●顽强的拉链巧变乖

新买的衣服，或是放了很久的衣服，拉链总是会不顺，尤其是早上匆匆忙忙顺手拿起来要穿，遇上拉链不顺更是令人着急。这个时候不妨试试用铅笔在拉链不顺的地方来回摩擦，这样一来拉链不顺的状况会有显著的改善。这是因为铅笔芯可以在拉链咬合的地方产生润滑的功效。如果衣服是白色或浅色的话，可以用蜡烛来代替铅笔，也会有很不错的效果。

●丝绸服装如何收藏

丝绸服装在收藏时，白色的丝绸最好用蓝色纸包起来。花色鲜艳的丝绸服装要用深色纸包起来，可以保持色彩不褪。丝绸服装较轻薄、怕挤压、易出皱褶，应单独存放或放置在衣箱的上层。金丝绒等丝绒服装一定要用衣架挂起来存放，防止立绒被压而出现倒绒或变形，这样既损伤衣物又影响外观。

●西服套装如何收拾

收拾西服套装可按以下步骤：首先脱下西装后将口袋里的东西取出，因为口袋里装有东西容易导致西服走形；接着用衣架把西服挂起来，放在通风处通风；最后用刷子从西服领子向下将灰尘杂物拂去。

●皮衣存放忌暴晒受潮

污渍重的霉菌在潮湿的环境下可以迅速繁殖，从而进一步侵蚀皮革胶原纤维，使皮衣出现褪色、变色、发霉，甚至腐烂的现象。而放在阳光下长时间暴晒会使皮衣失去原有的光泽，并出现色花、色差、变形等现象。

●皮凉鞋如何收藏保养

皮凉鞋在收藏前，先要做好鞋面鞋底的保养工作。各种皮凉鞋的鞋面（合成革除外），一般都不能用湿布擦，更不能放在水中浸洗。各种光面革的凉鞋，可先用普通白色橡皮在鞋面轻轻擦拭，然后用干净软布擦掉橡皮屑，再擦上白鞋油，略干后用鞋刷反复轻刷，最后用软布擦拭，就可使皮鞋面光亮如新。棕色或红皮鞋沾上污渍，可涂点柠檬汁，再用鞋油擦，即可除掉污渍。

还要为皮凉鞋或仿皮凉鞋底去污。皮凉鞋鞋底如积有污泥，要用干刷子刷；仿皮底或橡胶底则用刷子蘸水洗净。

皮凉鞋在收藏时，应把鞋内的汗水潮气晾干，防止霉变。收藏时，最好在鞋内塞些布，以免鞋面松塌，然后放在鞋盒内，这样可保持凉鞋的头型挺拔不变形。

●巧除衣服上的烤肉味

享受美食之后，面对留在衣服上的烤肉味道总是让人感到相当困扰。有一次，我在洗完澡时，把衣服挂在浴室里 2 ~ 3 个小时，之后拿出来发现衣服上的异味竟全被水蒸气带走了，晾干后就可以穿了。原来衣服中水分蒸发的时候气味也会随之蒸发掉。此后，我常常用这种方法给衣服除味。

●毛皮衣物的收藏方法

毛皮衣物应使用稳固结实的衣架吊挂，为防湿气，可利用没上浆的布制衣袋套住，并与邻近衣物保持适度空间，切忌用塑胶衣袋封存。保存毛皮衣物，应考虑适当的温度、湿度，温度在24℃左右，湿度为45%～55%之间最适合。如果无法维持这种环境，还是将这类贵重衣物交给专门的养护中心代为保存较妥当。

●如何保养运动休闲鞋

运动休闲鞋要专鞋专用，有些鞋属休闲鞋类的，不宜做激烈的运动，就不要穿着做剧烈的运动。运动休闲鞋忌用毛刷子擦拭鞋面；忌用劣质鞋油，如果使用劣质鞋油，一旦鞋子泡水、暴晒、火烤，都会使鞋子变形、网面断裂及开胶。

只要用心，运动休闲鞋保养起来也是很容易的。真皮鞋面的运动鞋应除去灰尘后擦鞋油，以保证皮革柔韧性。白色软性牛皮运动休闲鞋要用白色液体鞋油，不宜使用膏状鞋油；有色牛皮运动休闲鞋可用与皮色一致的膏状或液体鞋油。人造皮革类的鞋子可用清水擦洗，清洗后将鞋面擦干；磨砂皮面的鞋子可用毛刷将鞋面灰尘顺同一方向刷净。

●靴子巧收纳

收纳靴子前要把靴子清理干净，最好放在通风的地方晾晒1～2天，这样就不容易成为细菌、螨虫的温床了，接着按照靴子保养顺序给靴子做好保养工作就可以了。

靴子做好保养后要在靴筒里塞入定型物，以免变形、褶皱。然后给靴子套上不用的长筒丝袜，防止灰尘掉落。最后放进有洞的鞋盒里。好的鞋盒都是有洞的，为的是通风。然后放在干燥、通风好的地方就可以了。

●自制小巧架收纳丝巾

经常使用的丝巾要怎么收纳呢？向大家推荐一招，即自制一个小巧架，既好选又好拿，不必再把丝巾卷成卷收在抽屉里了。

做法是：将衣架挂衣服处拉成长方形，另取两段适当尺寸的铁丝，再将铁丝穿入吸管中，再一上一下缠绕在衣架上，就可以挂丝巾了。这样好挂好取，十分方便。

●延长丝袜寿命的方法

日常生活中有很多女性喜欢穿丝袜，但丝袜特别容易勾丝，有时会很尴尬。现在介绍一种延长丝袜使用寿命的妙招，即新丝袜在穿用之前连包装一起放进冰箱冷冻库中，冰冻 24 小时以上再取出。因低温会改变尼龙丝的化学特性，使其耐久度提高很多，穿上时就比较不会勾丝了。

●皮毛服被压平后如何再蓬松起来

天凉了，收藏的皮毛服装拿出来晾晒时发现皮毛服装上的毛被压平，很是影响我们的心情。下面教给大家一个好的方法，可以很快将皮毛服装上的毛“立”起来。

具体做法是：用蒸过的毛巾敷在有印痕的地方，然后用粗梳子梳。需掌握的要领是蒸过的毛巾不要紧贴在毛皮上，梳子顺着毛皮的纹路和逆着纹路反复梳两到三次即可。

●收纳方式巧应用

不同的衣物应该选择不同的保存收纳方法。

小型或软性材质的衣物，可卷成筒状放置在纸盒或抽屉内，以节约收纳空间。棉质 T 恤或家居用品，若为节省收纳空间，因其质地较强韧，可以考虑真空压缩袋来收藏。

其他特殊材质的衣物，可以采用平置收藏方法，上面不要再堆积其他物品，以免造成永久性的压痕。

衬衫、毛衣、线衫等衣物可以采用折叠的方式收藏。

外套和长裤类则可以直接用大型衣架吊挂保存。

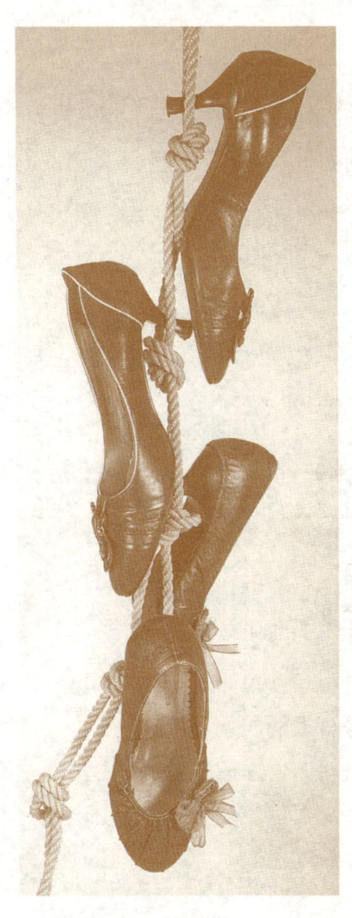

●怎样放鞋子占地少

正反对倒法：以双为单位，头尾对倒放，按照鞋子原有的弧度，相互交错来节省摆放的空间。此方法适用于男鞋，或是鞋头较大的鞋子。

绳悬吊法：将结实柔韧的绳对折之后，每隔 5 ~ 10 厘米打一个活结。鞋跟放入活结与活结中的空隙并勾好，即可将一串鞋子挂在想吊的地方。此方法的特点是鞋子好拿，透气，省下了地面空间。

报纸固形法：将报纸揉成团状，均匀地塞入鞋内空间，鞋子固形后可以以立式的方式沿壁摆放，取代占地更多的平摆方式。

●将拖鞋收纳到拖鞋专用箱中

我们经常会看到玄关门口散乱地摆放着一堆拖鞋的情形，很不雅观。但如果将经常穿的拖鞋收纳到带门扉的柜子中，又很不方便。

因此，如果玄关附近有空间，我们可以采取“装饰性收纳法”，结合房间的整体布局，在玄关处放置一个拖鞋专用箱，可以将拖鞋整齐地收纳进去。比起胡乱地将拖鞋塞进鞋箱，这样的做法不仅可以很快地找到自己所要的拖鞋，而且也方便整理收纳。

●浴巾、海绵球等尽量不接触墙壁

浴室中最基本的收纳方法是将浴巾、清洗浴池的刷子等挂起来，只有这样才能保证它们的清洁干燥。因为这些物品在浴室中不容易干燥，易发霉。另外，这些物品的悬挂方式也应该引起我们的注意，尽量不要紧贴着墙壁悬挂，紧贴墙壁的那一部分很潮湿，容易发霉。将毛巾挂钩和悬挂架配套使用，就可以使这些物品不接触墙壁，问题自然也就会得到解决。

第三章

居家与卫生篇

居家需要购买的日用品很多，不同的日用品能够满足我们不同的生活需要，购买时可根据自己的实际需要购买适合自己的日用品即可。

此外，一个干净卫生、井井有条的居家环境会让人心旷神怡，所以，学会清洁居家环境和掌握科学的收纳方法非常重要。

居家选购

●巧选灯罩

灯罩主要用来烘托家庭气氛，改变环境色调。不同材质的灯罩带来的装饰效果是不同的，布面的灯罩给人简洁典雅的印象，纸面的灯罩可以营造出朦胧又梦幻的氛围，金属材质的灯罩有种冷调的气质和现代感，而鼓形的灯罩则带给人怀旧的情怀。卧室可以选择丝绸材质的灯罩，尤其是手工缝制和手工绘制的灯罩，能为房间带来柔和感，增添亲密氛围；客厅可以选择亚麻布或者羊皮纸材质的灯罩。

●怎样挑选一次性纸杯

消费者在选购纸杯时首先要看其外观。纸杯一般应密封在塑料包装袋中，包装袋不应有破损，尽量选择杯壁厚实、硬挺的纸杯。其次要看标志，产品包装上应注明生产企业的名称、地址、产品的执行标准、生产日期、有效期等，消费者应尽量选择近期产品。最后要看商家，消费者购买纸杯时，要到大型商场、超市选购，选择大型企业生产的知名品牌的产品。

●巧选雨伞

雨伞的作用都一样，为了遮风避雨，但款式与设计不仅众多而且不一。

年轻女孩适宜选择色彩鲜艳、画面精致的伞，或者选择便于在女式提包中收藏、携带的三节尼龙折叠伞。

男生宜选轻便、灵活、素色尼龙面的二节或三节折叠伞。

老年人由于行动不便，可选购 55 厘米左右长度的轻便尼龙面梅花骨长柄伞，晴天还可代手杖助步。

●挑选安全舒适的布艺家具

挑选质量好的布艺家具需要掌握一定的方法。

首先，布艺家具框架应是超稳定结构、干燥的硬木，不应有突起，但边缘处应有绲边以突出家具的形状。

其次，主要联结处要有加固装置，通过胶水和螺丝与框架相连，无论是插接、粘接、螺栓联结还是用销子联结，都要保证每一处联结牢固，以确保使用寿命。独立弹簧要用麻线拴紧，工艺水平应达八级工。在承重弹簧处应有钢条加固弹簧，固定弹簧的织物应不易腐蚀且无味，覆盖在弹簧上的织物同上特性。

最后，防火聚酯纤维层应设在座位下，靠垫核心处应是高质量的聚亚氨酯，家具背后应用聚丙酯织物覆盖弹簧。为了安全、舒适，靠背同样要有座位一样的要求。

●怎样为孩子选家具

由于考虑儿童的特殊年龄要求，应为各个年龄段的孩子选择款式不同、大小尺寸各异的睡床、桌椅等家具。最好能自由升降调节高度，尤其桌面的高度一定要恰到好处，这样可尽量避免造成儿童近视。

为孩子选择的睡床不能太软，由于孩子处在成长发育期，骨骼、脊柱没有完全发育到位，睡床过软容易造成儿童骨骼发育变形，同时最好选择环保型的材料，让孩子从小就能够生活在健康、自然的环境中。要多选一些鲜艳而有生命力的颜色。

另外，儿童家具一定要边角柔滑，无尖利之感，避免磕碰到孩子。选用许多隔板式样的，可方便放置儿童的玩具、书本，使孩子们的空间井然有序。

●选家具别忘选色彩

随着人们生活水平的提高和居住环境的日益改善，居民们除了选购美观实用的家具摆设外，更多的是注重室内装饰的整体效果，因此，室内设计的颜色也变得多姿多彩。

要使居室看起来宽阔及清新自然，选择颜色方面就要多花心思。在居室装饰中色彩的运用是室内设计非常关键的因素，色彩能够营造一个和谐、怡情悦目的居室氛围，也可以通过不同的色彩来改变居室的格调。

●挑选墙纸有“四招”

每逢朋友到访我家，未免要称赞一番我家墙纸，不仅样式好看，还很上档次。其实一开始选墙纸时，我也吃过亏，买到劣质的墙纸，后来几番摸索对比，竟也有了自己的心得。

一看：看墙纸的图案是否精美细腻，有否层次感、色差，对花准不准，色调过渡是否自然柔和，是否发黄。

二摸：用手触摸墙纸，感觉一下它浮凸感强不强，纸面（PVC 涂层）是否较厚实。

三擦：用手或软布蘸水稍用力擦纸面或基底，如果容易脱色或脱层，墙纸的质量就不好。

四闻：闻一下墙纸有无比较浓烈的气味。

以上挑选墙纸的四招，保证挑到上乘的墙纸，把家装饰得漂漂亮亮。

●怎样选购成套木家具

与单件家具相比，选购成套家具需要考虑的因素更多。通常要把以下几点考虑进来：

家具的造型：成套家具中每件家具的主要特征和处理工艺必须一致。比如，家具腿的造型必须一致，不能有的是虎爪腿，有的是方柱腿，有的是圆形腿，那样会显得很不协调。

用料与做工：整套家具的用料做工，要强调其合理性、一致性。受力情况不同的部位，可能酌情使用胶合板、纤维板等不同的板材。

整体功能性：成套家具需要满足睡、坐、写、贮等基本功能。具体挑选时，应根据居室面积及室内门窗的位置统筹考虑。

尺寸比例：选购成套家具时，也要注意尺寸比例的协调与错落，避免家具与家具之间产生不协调的感觉。

颜色：成套家具的颜色与房间色调要协调

●巧选筷子

不可选购涂彩漆的筷子，因为涂料中的重金属铅及有机溶剂苯等物质有致癌性，会随着使用的磨损而脱落，并随食物进入人体。

塑料筷子的质感较脆，受热后容易变形、熔化，从而产生对人体有害的物质。

骨筷质感好，但容易变色，而且也比较昂贵。

银质、不锈钢等金属筷子太重，手感不好，而且导热性强，进食过热食物容易烫伤嘴。

竹筷、木筷无毒无害，非常环保，但由于材质的原因，竹筷、木筷不容易清洗，会被病原微生物污染，故应经常消毒。

●巧选洗碗布

家里的洗碗布常常要更换，常用的有以下三种：

百洁布：百洁布擦洗餐具的效果较好，但其以化纤为原料，长期使用，其脱落的细小纤维会对人体造成伤害。

胶棉洗碗布：色彩鲜艳的外观引人注目，是由聚乙烯醇高分子材料制作而成，具弹性，抗腐蚀，吸水性强。

纯木纤维洗碗布：木纤维具有很强的亲水性和排油性，使用时无需加任何洗洁精即可将餐具上的食油擦干净，是较为理想的洗碗抹布。

因此，基于对安全清洁方面的考虑，我家最终选择用纯木纤维的洗碗布。

●巧选砂锅

好砂锅选用非常细的陶质制作，而且颜色多呈白色，表面釉的质量很高，光亮均匀，导热性好。

好砂锅的结构合理，摆放平整，锅体圆正，内壁光滑，没有突出的沙粒，锅盖扣盖衔接紧密。用手轻敲锅体，听声音是否清脆，如果声音沙哑，说明砂锅有裂纹。

●识别无毒塑料袋的窍门

日常生活中经常使用塑料袋，有些塑料袋材质是存在问题的，甚至含毒，可以用下面的方法进行辨别。

一感官检测：无毒塑料袋是乳白色半透明或无色透明的，有柔韧性，手摸时有润滑感，表面似有蜡。有毒的塑料袋颜色浑浊，手感发鼓。

二抖动检测：用手抓住塑料袋的一端用力抖，发出清脆声者无毒，声音闷涩者有毒。

三用水检测：把塑料袋按入水底，浮出水面的是无毒的，不上浮的有毒。

●砧板选购小窍门

看整个砧板是否厚薄一致，有没有开裂。看年轮，一般是以年轮圆正、纹路清晰而细密的为好。如果有木节，则要看木节是否与木质紧密相连。如果木节与木质有明显接痕或裂缝，则不宜选购。塑料砧板是近几年出现的新产品，它是用无毒塑料制成的，除不怕水外，还有耐磨、耐用的特点，使用方便。

●巧选菜刀

选刀时，应看刀的刃口是否平直，刃口平直的菜刀，磨、切都方便。未开刃的菜刀可用锉去锉刃口，如感觉发滑，证明菜刀含钢，也有硬度。也可用刃口削铁试硬度，若能把铁削出硬伤，说明含钢有硬度。

●什么样的浴室柜适合您

独立式的浴室柜适合于单身的主人和外租式公寓，它式样简洁，占地面积小，易于打理，收纳、洗漱、照明功能一应俱全。双人浴室柜是拥有宽大浴室的二人组合的最佳选择，它能避免早晨两个人因等用一个洗面盆而手忙脚乱的局面，不仅非常的卫生，而且使用者可以分别根据各自的生活习惯来摆放物品。

组合式浴室柜具有极强的功能性和清晰的分类，它既有开敞式的格架，又有抽屉和平开门，形状规格也各不相同，可根据物品使用频率的高低和数量来选择不同的组合形式及安放位置。

●如何鉴别纯木浆纸巾

选购纸巾时，要考虑是否100%纯木浆，下面提供几种辨别纸巾质量的方法：

眼观手摸法：纯木浆生产的纸巾一般匀度好，皱纹细腻，摸起来手感好，不掉粉、不掉毛，强度好，撕扯起来有韧性。反之，差的纸巾则容易掉粉、掉毛、掉渣。

沾水法：一般用纯木浆生产的纸，即使用水浸过，也保持原有形状。而劣质的卫生纸见水就散，基本拿不起来。

燃烧法：好的卫生纸巾，燃烧后呈白灰状。而劣质纸巾燃烧后呈黑灰状。

●巧选羽绒被

根据羽绒被被心的种类选购。羽绒被的被心有白鹅绒、灰鹅绒、白鸭绒、灰鸭绒、鹅鸭混合绒和粉碎绒等多种，含绒量分别在15%～70%之间。其中质量最好的是鹅绒，它绒朵大、羽梗小、品质佳、弹性足、保暖性强；其次是鸭绒，虽绒朵、羽梗都比鹅绒差些，但品质、弹性和保暖性都很高。鹅鸭混合绒绒朵一般，弹性较差，但保暖性还不错。而粉碎绒由于是毛片加工粉碎，弹力和保暖性差，有粉末，品质较次。

根据羽绒被的面料选购。羽绒被的面料有仿绒布、塔夫绸、尼龙涂塑布等。其中仿绒布色泽不鲜，经济实惠；塔夫绸色泽鲜艳，颜色多种，可由各自喜爱挑选；尼龙涂塑布质地牢固，由于涂塑作用，保暖性更强。

●怎样选购毛巾毯

毛巾毯也称毛巾被，它凭借着良好的透气性、易洗涤、易收纳等特点，成为夏季必备的床上用品。选购毛巾毯时要看以下几点：

一看毛圈：质量好的毛巾毯，正反面每个方眼里的毛巾圈多而长，丰富柔软；质量差的毛巾毯，毛圈短而少。

二掂重量：质量好的毛巾毯，分量重，选购时可挑几种用手掂量比较一下。

三看是生纱还是熟纱：熟纱产品柔软耐用，吸水性强；生纱产品手感硬板，吸水力弱。

四看外观：是否有渗色、污渍或图案模糊不清等外观缺点。

五看织造质量：将毛巾毯平铺或对阳光透视观察，看其有无断经、断纬、露底、拉毛、稀路、毛圈不齐、毛边、卷边和跳针等织造疵点。

●这样的婴儿床更安全

将宝宝的安全放在第一位考虑，所以一定要买符合严格的安全标准的婴儿床。婴儿床必须有栅栏，高度以高出床垫50厘米为宜。我家有两个宝宝，选的婴儿床都选圆柱形的栅栏，一般两个栅栏间的距离不可超过6厘米，防止宝宝把头从中间伸出来。此栅栏相对比较安全，家里的小宝宝都会乖乖待在里面。

另外，婴儿床的所有表面必须漆有防止龟裂的保护层，防止宝宝用嘴巴啃床时伤害牙龈。围在婴儿床内四周的围布应是不容易撕裂的围垫，以保护婴儿的头部。

●牙刷应选软而有弹性的

很多人刷牙喜用大头硬毛牙刷，其实这样会造成牙龈萎缩，牙根外露。而且“超期服役”的牙刷可以成为细菌繁殖的温床，成为口腔疾病的传染渠道。以下是本人多年买牙刷摸索出的心得：选择牙刷，刷头要适合口腔的大小，刷毛宜软而有弹性。刷牙后，牙刷须彻底清洗、甩干，向上置于杯中，以抑制细菌繁殖。

●巧购环保家具

家具污染不可轻视，在选购家具时可以采用以下“四字诀”，把污染挡在居室之外。

望：看材质、找标志。在购买家具时，要注意查看家具是用实木制成的还是人造板材的，一般实木家具给室内造成污染的可能性较小。另外，要看看家具上是否有国家认定的“绿色产品”标志。

闻：刺激性气味要小心。在挑选家具时，一定要打开家具，闻一闻里面是否有很强的刺激性气味，这是判定家具是否环保的最有效方法。

问：要了解厂家实力。在与销售人员讨价还价的时候，可以了解一下家具生产厂家的情况，一般知名品牌、有实力的大厂家生产的家具，污染问题比较少。

摸：摸摸家具心里有底。摸摸家具的封边是否严密，材料的含水率是否过高。

●床单巧选购

床单最好选用柔软舒适、吸湿性强的全棉织物或维纶布。其他布料的床单，如涤棉床单，吸湿性不好，容易产生静电，最好不选用。

纱支较细、织造紧密的薄型床单，既美观又舒适，洗涤也较方便。而粗糙的织物，布面虽厚，质地却不牢，洗涤也麻烦。

床单能起到装饰房间的作用，新婚夫妇可选用色彩鲜艳、多套色大型图案，以烘托热烈欢快的气氛。

居家装修

●客厅天花板宜选白色和浅蓝色

不少人家的客厅都会装饰天花板。因为客厅是住宅的“门面”，客厅屋顶的天花板是“天”的象征，因而天花板的装饰不仅要美观大方，还要使客厅保持宽敞明亮，不宜造成压抑昏暗的效果。如住宅的高度不够，不宜装饰天花板。

客厅的天花板既是“天”的象征，其色彩当然以淡雅为宜，可采用白色、浅蓝色等，有如蓝天白云，使居住者感到精神爽朗。

●怎样突出客厅中的主题墙

客厅的“主题墙”是指客厅中最引人注目的墙面，一般是放置电视、音响的那面墙。例如：利用各种装饰材料在墙面上做一些造型，以突出整个房间的装饰风格。既然有了“主题墙”，客厅中其他地方的装饰装修就可以简单一些。另外，“主题墙”前的家具也要与墙壁的装饰相匹配，否则也不能获得完美的效果。

●怎样使布艺沙发更温馨

一到冬日，萧瑟的冷风总是让人对布艺倍加思念。这时我会给家里的沙发全套上喜欢的布质沙发套，个人觉得布艺的柔和与色彩的丰富赋予了沙发多变的情感，具有极强的亲和力。布艺沙发多变的线条对冬日冷冷的气氛能起到很好的融化作用，坐上去那一刹那温柔的接触，也足以让人享受上好一阵子。

●厨房的灯光设计诀窍

厨房灯光需分成两个层次：一个是对整个厨房的照明；另一个是对洗涤、准备、操作各区分别的局部照明。后者中洗涤与准备区，一般可以在吊柜下部布置射灯光源，并设置方便的开关装置。在操作区，现在性能良好的抽油烟机一般也配备有灯光，充足的光线能使您在操作时更能掌握火候。

●厨房天花板装修窍门

天花板的材质首要重点是防火、抗热，当然，不易污损、褪色也是重点。通过防火鉴定的塑胶壁材等，都是不错的选择，安装时需考虑通风设备及隔音效果。如果在厨房装设天窗，须用双层玻璃，在安全上才没有顾虑。照明设备若置天花板和塑胶层之间，则可用半透明的塑胶层。

●开放式厨房选择家具应注意什么

厨房、餐厅和客厅的家具无论是定做还是购买，式样一定要选择简单的，切忌选择雕刻烦琐的中式家具，如藤编、柳编类家具和布艺沙发及餐椅等，这是为了防止沾染油污，便于清洁。开放式厨房的台面不应放过多的炊具，以保证其美观性。因此，业主最好能让储物的橱柜尽可能大些，将这些“不美观”都装到柜中。客厅、餐厅的家具与厨房家具要协调，以确保开放式厨房能融入到整体家居氛围中。

●如何合理分配厨房电器

现在的厨房面积大小比较适中，电器随之也进入了，使厨房方便了许多。可因每个人的不同需要，把冰箱、烤箱、微波炉、洗碗机等布置在橱柜中的适当位置，使开启或使用起来更加顺畅，以此提高厨房电器的烹饪效率。

●地毯融入居室搭配出亮丽色彩

若房间整体的布置颜色都已经决定，那么地毯的颜色应与家具墙壁色彩相近。如果居室里用的是有图案的沙发、墙纸、涂料，墙上挂的有风景画或艺术画，那么您就可以从它们的颜色中挑选一种颜色作为地毯主色调。深色调地毯可用在卧室、活动室、餐厅；浅色调的可以用在客厅、书房等房间。但也可以根据个人的喜好与品位选择一种地毯颜色作为房间搭配的调色剂。

●居室壁灯装饰小技巧

壁灯是室内装饰灯具，一般多配用乳白色的玻璃灯罩。光线淡雅和谐，可把环境点缀得优雅、富丽，尤以新婚居室特别适合。

壁灯的种类和样式较多，吸顶灯多装于阳台、楼梯、走廊过道以及卧室，适宜作长明灯；变色壁灯多用于节日、喜庆之时采用；床头壁灯大多装在床头的左上方，灯头可转动，光束集中，便于阅读。

壁灯安装高度应略超过视平线 1.8 米左右。连接壁灯的电线要选用浅色，便于涂上与墙色一致的涂料，以保持墙面的整洁。

●卧室床铺如何摆设

有一张温馨的床至关重要，人的一生有 1/3 时间在床上度过，所以，一定要重视睡眠质量，而床的舒适度就很重要。

此外，床铺的摆设会直接影响到睡眠状况，建议床铺摆在靠墙角的地方，床头靠向墙壁的一侧。家具与床铺至少要间隔 70 厘米，以便走动，室内的家具陈设应尽可能简洁实用。

●如何设计主卧室

色彩应以统一、和谐、淡雅为宜，对局部的原色搭配应慎重，稳重的色调较受欢迎。卧室的灯光照明以温馨的黄色为基调，床头上方可嵌筒灯或壁灯，也可在装饰柜中嵌筒灯，使室内更具浪漫舒适的温情。

卧室不宜太大，空间面积一般15 ~ 20平方米就足够了，必备的使用家具有床、床头柜、更衣橱、低柜（电视柜）、梳妆台。如卧室里有卫浴室的，就可以把梳妆区域安排在卫浴室里。

●老人房色彩选择要诀

要从适合老年人的生理和心理角度出发，选择相应的颜色来装饰居室。老年人喜爱洁静、安逸，性格保守固执，而且身体较弱。因此，应选用一些古朴而深沉、高雅而宁静的色彩装饰居室，如米色、浅灰、浅蓝、深绿、深褐。蓝色可调节平衡、消除紧张情绪；米色、浅蓝、浅灰有利于休息和睡眠，易消除疲劳。

●儿童房照明巧设计

儿童房的光线照明不能过于呆板，因为儿童有自己独特的个性特点，由于行为特点的不同，所以在照明要求上要满足功能需要。

学习区及游戏区要有充足的光照，可以使用可调节的台灯。儿童房还可以有各种不同摆设，例如适当安置投射灯，增加点光源，通过不同灯光的投射效果，增加房间的空间层次感，使房间增加趣味性。

●洗脸台面装修窍门

洗脸台面要选择“通体”的（即台面的表面材料和内部材料成分、色泽一致），不可选择仅有一层表面胶壳的台面，因仅有表面胶壳的台面一经破损即无法修复（要检验台面是否为“通体”，可用灯光从背面近距离照射，可透光的才是“通体”的台面）。另外，台面和洗脸盆接缝处必须打填缝剂，以防止水从接缝处渗出。

●玄关设计要点是什么

玄关是一个家很独特的空间，连接室内和室外，重要性不言而喻。设计玄关时需要注意几个要点：

一是间隔和私密性：进门处设置玄关，最大的作用就是遮挡人们的视线。这种遮蔽并不是完全的遮挡，而要有一定的通透性。

二是实用和保洁：玄关同室内其他空间一样，也有其使用功能，就是供人们进出家门时，在这里更衣、换鞋，以及整理装束的。

三是采光和照明：玄关处的照明要亮一些，以免给人晦暗、阴沉的感觉。

●小户型装修线条宜曲不宜直

小户型装修，能不做吊顶最好也就不做了，如果主人特别喜欢吊顶的设计，最好选取曲线形式的吊顶，这样能让房间增添一些层次感，达到比普通直线形吊顶更好的效果。同样的道理，在一些配饰的选择上，主人也可以特意挑选一些从下到上逐渐变窄的设计或配饰，比如，说一些梯形的物品，也能达到好的效果。

●竹麻饰品怡人情趣

竹麻饰品既清新又整洁，被越来越多的家庭所认可。与以往的竹麻制品不同的是，如今的竹麻制品除了筐、篮、柜、盆等实用品以外，一种类似门帘式的竹麻编制品，正在堂而皇之地登堂入室，只是它不再是用作门帘或是窗帘，而是直接被人们挂在墙上，用来装饰居室。竹麻搭配十分和谐，清淡的颜色让人爱不释手，那种怡情养性的悠然自得只有置身其间的人方能领略。

清洁卫生

●如何清洁电视机屏幕

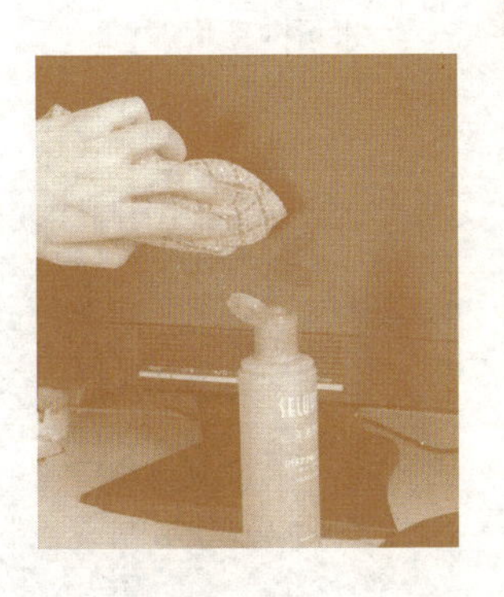

电视机屏幕由于高压静电，极易吸上灰尘，影响图像的清晰度。在清理过程中如方法不当容易划伤屏幕。可用专用清洁剂和干净的柔软布团擦洗，能清除荧屏上的手指印、污渍及尘垢，或是用棉球蘸取磁头清洗液擦拭，最后一定要擦干电视机屏幕。当然也可用水清洗。由于屏幕由玻璃制成，为了避免清洗时因冷热骤变使屏幕受损，在清洗时，先要关闭电视机，切断电源，等待几分钟让屏幕冷却，才能开始清洗。

●如何清除风扇上的油渍

风扇用久了上面会沾上一层厚厚的油渍，影响风扇的使用。可以直接用抹布蘸取清毒液擦拭，然后用水冲干净就可以清除风扇上的油渍。也可以用纱布蘸取煤油来进行擦拭。

●地毯去污妙法

地毯去污本人支两招：

一是面粉去污法。取面粉 300 克、精盐 50 克、石膏 50 克，用水调和。先将混合物加热并调成糊状，待冷却后切成碎块均匀地撒在地毯脏污处，然后用细软毛刷刷地毯绒毛，或用软布轻擦，最后用吸尘器吸去粉渣即可去污。

二是食盐去污法。先把盐末撒在地毯上，然后用在肥皂水中煮过的扫帚在地毯上来回扫，可以清除地毯上的灰尘。

●简单拔除螺丝钉的秘诀

长时间没有拔出来的螺丝钉，可利用熨斗使螺丝钉因热而膨胀，待它冷却收缩时就容易用螺丝刀拔除了。若螺丝钉生锈了，可用布沾碳酸饮料贴在上面，可使它滑润松弛，拔除时就轻松了。

●如何防止冰箱内生霉菌

冰箱内使用时间长了，很多放在一起很容易生霉菌，我们要定期处理霉菌才可以让食物的保质期变得更长。首先，冰箱内污染物应擦干净。其次不要让熟肉制品直接接触电冰箱内胆。最后，电冰箱暂时停用，应擦拭干净，不要把箱门关紧，应当留一定缝隙，使冰箱内潮气能够排出。

●如何用面粉清除油污

不小心打翻色拉油时，不要急着用抹布擦拭，这样一来只会越弄越糟，反而不好清理。这时，可以在打翻的色拉油上倒上适量的面粉，待面粉充分吸油之后，再用厨房用的纸巾或抹布来清理，这样就不会沾得到处都是，而且也更好清理。

●巧洗抽油烟机的油盒

很多家庭都有这样的烦恼，厨房里抽油烟机的油盒是很难清洁的部分。其实，只要事先在油盒中灌入一些水，因油的比重比水轻，所以油滴自然就会浮在水面上，而不再像以往一样腻在盒子的四壁，清理时只要倒掉水和油就可以了。

●清理门板有窍门

门板的一般污垢，可使用家用清洁剂，用尼龙刷或尼龙球擦拭，再用湿热布巾擦拭，最后用干布擦拭。

●锅底烧焦如何清洗

卤肉不小心烧焦了，锅底结了一层厚厚的焦肉，洗不掉又很难刮掉，怎么办？锅里注入 1/3 的醋，加 2/3 的水（水要能盖过焦黑的部分），加盖烧沸 5 分钟，浸泡过夜，再轻轻用汤匙一刮就可以把焦黑的底去除。

●如何清洁微波炉

将一大碗热水放在炉中，将水煮沸产生大量水蒸气，然后用抹布擦拭里面的油迹就可以了。也可以先用洗洁精擦拭一遍，再分别用干净的湿抹布和干抹布擦拭。如果仍不能将污垢清除干净，可以用塑料卡片来刮除，但千万不要用金属片来刮，免得刮坏微波炉。

●巧除微波炉中的异味

用玻璃杯或碗盛上一半清水，在清水中加入少许柠檬汁或食醋，将玻璃杯或碗放入微波炉，用大火煮至沸腾。待杯或碗中的水稍微冷却后，将其取出，再用湿毛巾擦抹炉腔四壁，吸净水分，这样就可以清除微波炉内的异味。

●巧用盐为菜板消毒

菜板在每次使用过后，都要用刀将板面的残渣刮净，每隔 6 ~ 7 天我们都要在菜板上撒一层盐，这样不仅可以起到杀菌的作用，还可以防止菜板干裂。

●如何清洗塑料油壶

用水稀释小苏打，灌入油壶内摇晃，或先用毛刷清洗，再将少量食用碱水灌入并摇刷，然后倒掉，最后用热的食盐水冲洗。这样洗涤塑料容器，既干净又不会产生副作用。

●锅具清洗时要洗底层

大多数人洗锅子有只洗表面不洗底层的习惯，其实这是不正确的。因为锅子的底层，常会沾上汤汁，若不清洗干净则会一直残留在底层，久而久之锅底的厚度就渐渐增厚，锅变得愈来愈重，日后也一定影响炒菜的火候，所以一定要正反面一起洗净。

●餐具如何洗涤更放心

我们可以用 45℃左右的热水，加入餐具洗涤剂，将餐具置于水中浸泡 1 ~ 2 分钟，然后认真刷洗餐具的表面，检查餐具的洁净情况，不洁净的需进一步刷洗。洗涤后的餐具应置入清水中，最好使用流动水清除餐具上残留的洗涤剂。

●巧用植物消除室内异味

吊兰、芦荟、虎尾兰能大量吸收室内甲醛等污染物质，消除并防止室内空气污染；茉莉、丁香、金银花、牵牛花等花卉分泌出来的杀菌素能够杀死空气中的某些细菌，抑制结核、痢疾病原体和伤寒病菌的生长，使室内空气清洁卫生。

●黄金首饰巧去污

黄金首饰表面如果有黑色银膜，可用食盐 2 克，小苏打 7 克，漂白粉 8 克，清水 60 毫升，配制成金器清洗剂。将金饰放入清洗剂中，2 小时后再取出，用清水漂洗金饰，埋在木屑中干燥，最后，用软布擦拭即可。盐和醋混合成清洗剂，用它来擦拭纯金首饰，可使其历久常新。用牙膏擦拭或用滚热的浓米汤擦洗，也可恢复黄金首饰光泽。

●电热毯清洗窍门

洗电热毯时，不能像洗衣服、床单、被套一样搓洗，更不能拧干，也不能全部浸泡在水中，应在脏污处，用毛刷蘸上一些中性洗涤剂轻擦。若沾上墨水、血迹等脏污时，可参照清洗纺织物污渍的各种方法。但应记住只能在污渍处擦洗，而不能大面积地泡在水中清洗。

●摄像机如何清洁保养

切勿使用酒精、苯等一切有机溶剂清洁摄像机，以免造成外壳字迹溶解。清洁机器外观时可以用湿布。

清洁镜头以及液晶屏时可以使用镜头纸，在清洁前应将镜头及液晶屏表面的灰尘先吹掉。

清洁机芯时，可以将带仓打开，然后用皮吹子（照相器材商店有售）将机械部分的浮尘吹掉。经常清洁机芯可以有效地减少录制后图像失落现象的发生，提高图像质量。

●如何清洁电脑键盘

当电脑键盘不好用时，将键盘拆开看看，这时会发现有很多脏东西在里面，要清理掉这些脏物可用无水乙醇把所有的面板、键帽和底板擦一遍，然后再用专用的清洗剂对其进行擦拭，直到擦干净为止。

●巧用冰块除口香糖

有些孩子喜欢吃口香糖，不小心会弄到地毯上。粘在地毯上的口香糖很不容易取下来，可把冰块装在塑料袋中，覆盖在口香糖上，约 30 分钟后，手压上去感觉硬了，此时，取下冰块，用刷子一刷就可刷掉口香糖了。

●如何清除卫生间的异味

在抽水马桶上放一些干燥的橘子皮就可以除去令人尴尬的臭味了。

将晒干的残茶叶在卫生间燃烧熏烟，就能除去异味。

也可以在厕所里划一根火柴，让其充分燃烧后丢在马桶里。火柴中的磷成分燃烧后可有效去除厕所里的异味。

把一盒小香精或者是一小杯醋放在卫生间的角落，也可以清除异味。

●如何清洁浴室的镜子

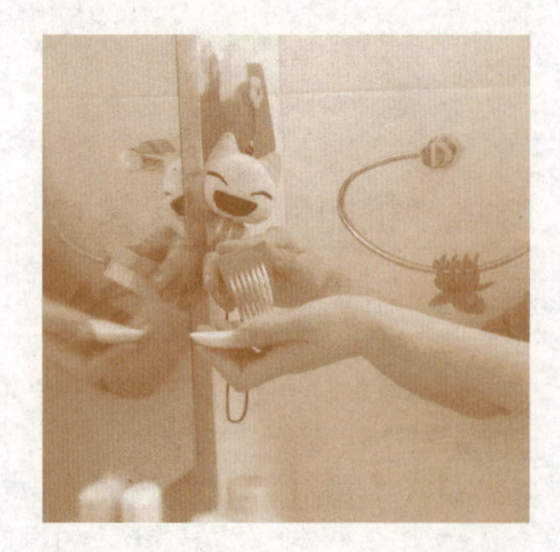

浴室的镜子由于长期处在潮湿的环境中，或洗浴时会产生一层雾气，使镜子模糊不清。直接用抹布是擦不干净的，必须先在镜子上涂上一层肥皂或洗发液，再用干燥的抹布擦干，镜面上形成了一层肥皂液膜，镜子又重新恢复了清晰。也可以在洗澡之前先在镜子上涂上一层洗发液，镜子上就不会沾上雾气了。

收纳与节能

●利用墙角巧收纳

墙角往往是一个被人们忽略的地方，其实只要选择到合适的家具，墙角也能“变废为宝”。一个可以沿对角线折叠的小方桌是您用来改造墙角的好帮手。折叠起来后，它就变成了富有情趣的小角桌，在使用的同时，还可以装饰墙角。展开后，它就成了小方桌，吃饭、工作时都可以使用。

●门后空间巧利用

门的背面也是一个很好的收藏场所。打开门就可以看见需要的东西，站着就能拿到物品，真省事啊！

开关门的时候，存放的物品如果摇摇晃晃，就容易摔坏物品，门也会有伤痕。因此，门后应放轻的、不易碎的物品。

●针类物品用磁铁吸住收藏

有婴儿的家庭一定要注意大头针、图钉、发夹等针类物品的收藏方法。我家一般会把这些细小物品放在有盖的密闭容器中，盖严实。如果在容器底部用黏合剂粘上一块强磁铁就更放心了，这样，即便是孩子把盖子打开了，里面的针类物品也拿不出来。

●利用带拉链的塑料袋收纳

由于有拉链，里面装的物品就掉不出来。塑料袋本身也很结实，不仅可以装厨房用品，还可以用来装其他的小件物品，特别适用于存放发票、收据、标签、邮票等。可以按品种和大小进行分类，然后立着放在有格子的箱子中，再贴上标签或物品清单，一眼就能知道里面装的是什么，用起来就更方便了。

●票据收纳小窍门

票据个子虽小，可多了真让人头疼，又不敢扔掉，恐怕哪天会用到，找的时候又很麻烦，而且平时又不好整理。其实可以花 5 分钟的时间，做一个专门收纳的盒子，这样就能方便平时的随时查阅了。

方法如下：将牙膏盒敞平，将朝上的那一面开一个盖子，就可以将票据整齐放入了。或是将牙膏盒竖起，头部切开，用双面胶贴在柜子或墙壁上，也就可以用来收纳票据。

●利用衣架悬挂彩虹文件夹

拥有一个专门用于工作的储藏柜可以令办公区域整洁许多，但许多纸制的资料和文件，需要有条理地收纳起来才便于查找。

推荐使用具有彩虹般颜色的文件夹，可带来充满活力的视觉效果，七彩颜色也可以令工作时的心情更加愉悦。将这样的一组文件夹用小夹子固定在架子上，贴上分类的标签，挂在储藏柜的横杆之上，是利用储藏柜空间的巧妙方法之一。

●巧用床底储物盒收纳

很多人觉得卧室的空间太小不够用，其实可将床下空间利用起来。在传统的床下添加抽屉储物的基础上，还可以选择富有怀旧氛围的床底储物盒。

夏天，可以把冬天用的厚重的被褥、枕头等放入藤编搭配钢质盒框里，置入床下，可避免把其放入高处不稳而掉下砸人的危险。竹藤外观更是为您带来几分乡村的气息和几分夏意的凉爽，让您的卧室看起来是那么与众不同。

●浴室收纳妙招

可以使用浴室用的转角架、三角架之类的吊架将其固定在壁面上，放置每日都需要使用的瓶瓶罐罐等盥洗用品，或是用合乎尺寸的细缝柜收藏一些浴室用品、清洁用品。可以用浴室专用的置物架来增加马桶上方的置物空间，放置毛巾及保养用品等。这些都是很好的空间创造法，可以让卫浴更井然有序。

●冰箱创意收纳

冰箱是家中一个比较隐蔽的杂乱场所，不妨试试下面两种方法，让你的冰箱整齐有序，一目了然。

多使用置物盒或收纳盒。一些容易被其他物品遮住的小物品或瓶罐，可使用置物盒或收纳盒先分门别类再集中管理，如调味料、果酱、奶油、食料等。

收纳架的使用。冰箱内有效地使用收纳架可增加许多空间。如使用餐盘置物架可将餐盘堆起来，就不用一个菜盘压着一个菜盘，还可以多放置一些盘子。在冷藏蔬果时可将蔬果直立起来，放在蔬果收纳架内，不仅能保鲜又能避免相互压挤。

●空调省电有窍门

不要贪图空调的低温，温度设定适当即可。因为空调在制冷时，设定温度高 2℃，就可节电 20%。选择制冷功率适中的空调，，制冷功率不足或制冷功率过大的空调都会造成空调耗电量的增加。空调要避免阳光直射。在夏季，遮住日光的直射，可节电约 5%。出风口保持顺畅，不要堆放大件家具阻挡散热，增加无谓耗电。过滤网要常清洗，太多的灰尘会塞住网孔，使空调加倍耗电。

●电脑省电窍门

电脑在用于听音乐时，调暗彩显亮度、对比度，或者干脆关掉彩显也可以尽量使用硬盘听音乐，因为硬盘速度快，不易磨损，一开机硬盘就开始高速运转，不用也在运行中。不用电脑时，应选择进入“休眠”状态。不具有节电功能的电脑，一般可以通过按机箱背后的 turbo 键，强行降低运行速度，以达到节能省电的目的。

另外，要经常保养电脑，注意防尘、防潮，保持环境清洁，定期清洁屏幕，可以达到延长机器寿命和节电的双重效果。

●巧置冰箱能节能

消费者应将电冰箱摆放在环境温度低，而且通风良好的位置，要远离热源，避免阳光直射。摆放冰箱时顶部、左右两侧及背部都要留有适当的空间，以利于散热。这样冰箱会减少耗电量。

●食物存放与冰箱节能

冰箱是很耗电的，但如果懂得巧妙存放食物，在一定程度上能给冰箱节能。比如，水果、蔬菜等水分较多的食品，应洗净沥干后，用塑料袋包好放入冰箱，以免水分蒸发加厚霜层。这样能缩短除霜时间，节约电能。

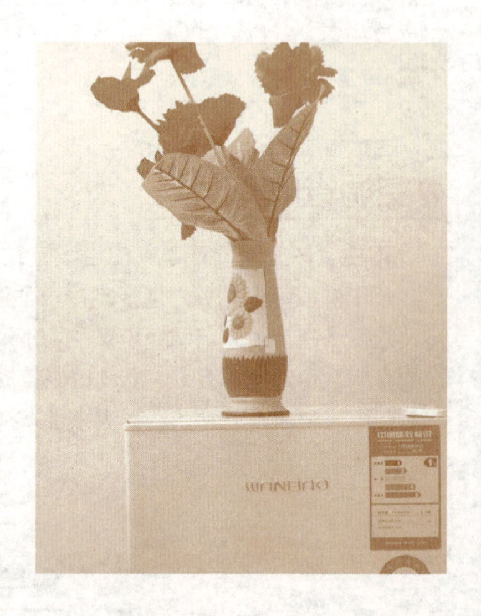

还有，冰箱存放食物要适量，不要过多过紧，影响冰箱内空气的对流，不仅造成食物散热困难，影响保鲜效果，还会增加压缩机工作时间，使耗电量增加。夏季制作冰块和冷饮应安排在晚间，晚间气温较低，有利于冷凝器散热。夜间少开冰箱门，压缩机工作时间较短，可节约电能。

●厨房节能有高招

1. 使用煤气或液化石油气做菜时，最好是一个炉上的几个炉眼同时使用，省燃料又省时间。

2. 大块的食物应先切成小块再下锅。

3. 淘洗好的米浸泡10分钟后再煮，700瓦的电饭煲比500瓦的电饭煲更省时、省电。

4. 直径大的平底锅比尖底锅更省煤气。

5. 熟食加热或冰冻食品解冻最好用微波炉。

6. 不急用的冰冻食品，可将其预先放入冰箱冷藏室慢慢解冻。

7. 用水壶烧水时，水不宜灌得太满。另外，还需及时清理水壶的水垢。

●电热水器省电窍门

一要设定合适温度：夏天的洗澡水不需要像冬天那么热，因此，把电热水器温度设在60℃～80℃之间，这样可减少电耗。

二要选择合适容量：应根据家庭人数及用水习惯选择合适容量的热水器，不要一味追求大容量，容量越大越耗电。

三洗澡最好使用淋浴：因为淋浴比盆浴更节约水量及电量，可降低2/3费用。热水器温度设定要合理，开停时间要根据实际需要确定。

四要设置保温状态：如果您家里每天需要经常使用热水，并且热水器保温效果比较好，那么您应该让热水器始终通电，并设置在保温状态，这样不仅用起来很方便，而且还能达到省电的目的。

●洗衣机节水妙法

从洗衣机的正常洗涤程度和节约程序判别，水、电、时间是成正比的，减少漂洗次数和时间要从洗涤剂的质量及功能上入手。低泡洗涤剂在洗涤过程中产生的泡沫少，清除泡沫快，可减少漂洗次数，省水、省电。夏天衣服脏污程度不高，可以适当少放洗涤剂，以减少漂洗次数。

此外，洗涤前先将衣物在洗涤剂中浸泡20分钟，根据其脏污程度来选择洗涤时间等做法，都能省水省电。用洗衣机洗少量衣服时，水位不要定得太高，衣服在高水位里飘来飘去，衣服之间缺少摩擦，反而洗不干净，还浪费水。

●手机适时关机巧省电

我们应该适时关掉手机，这样既能给手机省电又能起到一定的保护作用。睡觉时要关机。睡觉时把手机关掉，用呼叫转移接到家中固定电话上，久而久之就减少了手机充电的次数，也就减少了电能的消耗。信号弱时关机，在网络信号不存在或极其微弱的地方使用手机时，会大大消耗手机电池的电量，因此，在这种情况下应关闭手机。

第四章

急救与健康篇

月有阴晴圆缺，人有旦夕祸福，急救是每个人必须掌握的常识！很多意外死亡是在救护车赶到之前发生的，把握黄金抢救时间，用急救知识阻击死神降临。

家人平平安安、健健康康是每个家庭最幸福的事儿，生活中掌握一些健康知识对提升生活幸福指数大有益处。

家庭急救

●伤口止血

生活中难免磕磕碰碰，意外出现，我们要学会处理一些小伤口，降低危险概率，在此分享几种伤口止血的方法：

指压止血法：指压止血法是阻止动脉出血最迅速的一种临时止血法，是用手指或手掌在伤部上端用力将动脉压瘪于骨骼上，阻断血液通过，以便立即止住出血。此法仅限于位于身体较表浅部位且易于压迫的动脉。

股动脉压迫止血法：此法适用于下肢出血，一般是在腹股沟(大腿根部)中点偏内、动脉跳动处，用两手拇指重叠压迫股动脉于股骨上，制止出血。

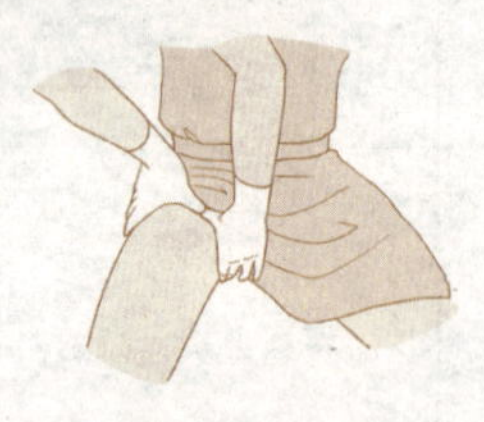

头部压迫止血法：头顶前部出血时，压迫耳前的颈浅动脉；面部出血时，压迫下颌骨角前下凹内的颌动脉；头面部大量出血时，压迫颈部气管两侧的颈动脉，但不能同时压迫两侧。

绷带止血法：用生理盐水冲洗、消毒患部，然后覆盖多层消毒纱布，用绷带扎紧包扎。止血带在开始绑扎的时候要写明时间标签，将其插在止血带上端。

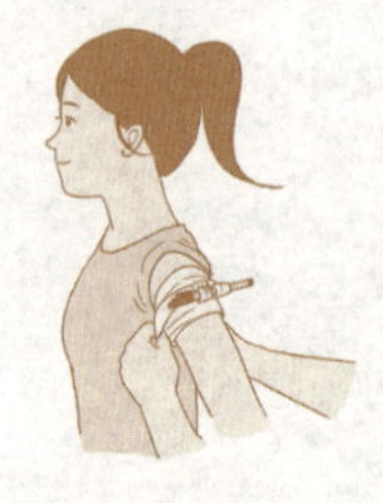

●烧烫伤

烧烫伤是常见的意外，除了皮肤损伤之外，严重烧烫伤还可引起全身性的反应，发生休克和感染，从而危及生命。

发生烧烫伤时：如果是小面积的烫伤，可用冷清水局部冲洗、浸泡伤处，起到止痛和消肿的作用。若是烧伤，应脱去燃烧的衣服，或者就地翻滚，或者用水喷洒着火的衣服。若是一般的烧烫伤，可多次少量口服淡盐水，疼痛剧烈可服止痛片。二度和三度烧烫伤需及时送医院，途中需吸氧、输液。

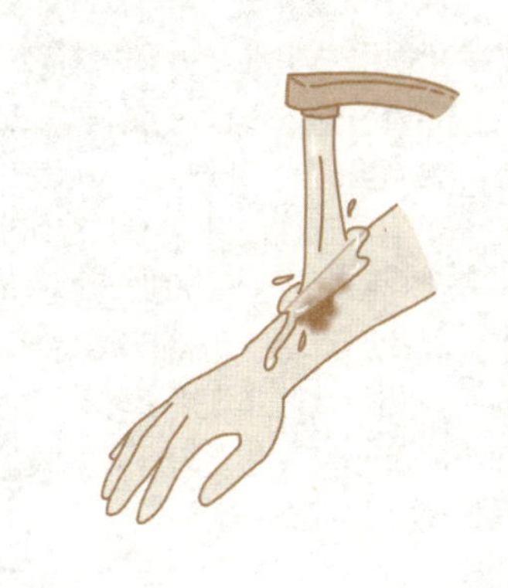

●异物入眼

日常生活中，异物入眼后，可引起不同程度的眼内不适感，轻者视力下降，重者视力可完全丧失。异物入眼时：切勿用手揉擦眼睛，以免异物擦伤眼球，甚至使异物陷入眼球组织内。闭眼休息片刻，等到眼泪大量分泌，睁开眼睛眨几下，泪水可将异物冲洗出来。或者将头浸入水中，在水中眨几下眼，这样也会把眼内的异物冲出。如果各种冲洗方法均不能将异物冲出，可自己或请旁人翻开眼皮，用棉签蘸干净的水轻轻地将异物擦洗出来。如果异物黏附在眼球表面，这时应用拇指和食指轻轻翻开上眼皮及下眼皮，先检查巩膜、角膜和内外眼角，再检查上眼皮，如发现异物，可用湿的棉签或干净的手帕把它轻轻擦拭掉。

●异物入耳

异物分非生物性异物和动物性异物两种，前者包括豆类、纸片等物体，后者指小昆虫等。如果虫子在左耳，就用右手紧按右耳；如果虫子在右耳，就用左手紧按左耳，这样可以促使虫子倒退出来。也可以用手电筒照射耳内，把虫子引出来。豆粒、沙土、煤渣等固体异物入耳后，可让患者头向下，用手轻轻拍击耳郭，使其掉出。如果是铁屑等异物入耳，可尝试用细条形磁铁伸入耳道内将其吸出。

●酒精中毒

亲朋欢聚，难免举杯庆祝。然而，若无所顾忌，开怀畅饮，很可能酩酊大醉，发生急性酒精中毒。对于昏迷者，应确保其气道通畅。神志尚清醒者，可用木尺、筷子等物品刺激舌根催吐。如果患者出现呕吐，立刻将其置于稳定性侧卧位，让呕吐物流出。检查呼吸、脉搏及反应程度，如有必要，立即使用心肺复苏术。将患者置于稳定性侧卧状态，密切监视病情，每10分钟检查并记录呼吸、脉搏和反应程度。重度酒精中毒者，用筷子或匙把压住舌根部，迅速催吐，然后用1%小苏打溶液洗胃。若中毒者昏迷不醒，应立即送医院救治。

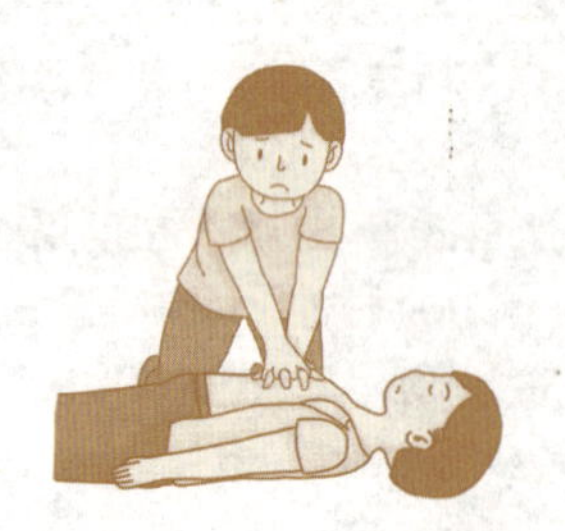

●煤气中毒

家庭中煤气中毒主要是指一氧化碳中毒和液化石油气、管道煤气、天然气中毒，前者多见于冬天用煤炉取暖，门窗紧闭、排烟不良时，后者常见于液化灶具漏泄或煤气管道漏泄等。煤气中毒，轻者头痛眩晕、心悸、恶心、呕吐、四肢无力，重者昏迷不醒。一般昏迷时间越长，愈后后遗症越严重，常留有痴呆、记忆力和理解力减退、肢体瘫痪等后遗症。发现有人煤气中毒时，应立即打开门窗，移患者于通风良好、空气新鲜的地方，并注意保暖。松解患者衣扣，保持呼吸道通畅，清除口鼻分泌物，如发现呼吸骤停，应立即行口对口人工呼吸，并做心脏体外按摩。然后查找煤气漏泄的原因，排除隐患。

●食物中毒

食物中毒是由于吃了变质的或含有毒素的食物，所引发的消化系统、神经系统及全身中毒的急性病症。

一旦发现食物中毒，首先用手指或筷子伸向喉咙深处刺激咽后壁、舌根进行催吐。接着立即送往医院抢救，并且带上怀疑为有毒食物的样本，或者保留呕吐物、排泄物，供化验使用。

如果患者中毒较轻，神志清醒，可以多饮白开水、葡萄糖水或稀释的果汁，避免吃奶制品或油腻的食物。

●触电

触电是指一定电流、静电通过人体，造成机体损伤或功能障碍，甚至死亡。对于触电者的急救应分秒必争，对于重者应一边进行抢救，一边紧急联系附近医院做进一步治疗。

1. 发现有人触电时：要火速切断电源，即立即拉下闸门、关上电源开关或拔掉插头，或利用竹竿、扁担、木棍、塑料制品、橡胶制品、皮制品挑开接触触电者的电源，使触电者很快脱离电源。

2. 未切断电源前：抢救者切忌用自己的手直接去拉触电者，这样会导致自己也立即触电而伤。因为人体是导体，极易传电。如触电者仍在漏电的机器上，应赶快用干燥的绝缘棉衣或棉被将触电者推拉开。

3. 确认触电者心跳停止时：急救者在使用人工呼吸和胸外心脏按压后，才可使用强心剂。

●蜂蜇伤

被蜂蜇伤，应引起重视，否则有可能导致严重的后果。若蜂毒进入血管，会发生过敏性休克，严重者会导致死亡。若为蜜蜂蜇伤，其毒液多为酸性，可外涂体积分数 10% 的氨水或肥皂水；若为黄蜂蜇伤，其毒液为碱性，可外涂体积分数 5%的醋酸，以减轻疼痛。被蜂蜇伤后，其毒针会留在皮肤内，必须用消毒针将叮在肉内的断刺剔出，然后用力掐住被蜇伤的部分，用嘴反复吸吮，吸出毒素。如果身边暂时没有药物，可用肥皂水充分洗患处，然后再涂些食醋或柠檬汁。在等待急救中心前来救援的过程中或去医院的途中，万一发生休克，应及时进行人工呼吸、心脏按压等急救处理。要注意保持伤者呼吸畅通。

●宠物咬伤

被猫、狗抓伤或咬伤后，要立即处理伤口。首先在伤口上方扎止血带，防止或减少病毒随血液流入全身。然后迅速用洁净的水清洗伤口，彻底清洁伤口，不要包扎伤口，及时到医院进行治疗。

●昏迷

昏迷是指患者生命体征存在而意识丧失，用任何刺激方法都不能将之唤醒。发现有人出现昏迷现象时，可用拇指压迫患者的眼眶内侧，观察患者的意识状态，同时注意患者的呼吸、心搏情况。使患者平卧在平整的硬板上，松解衣领，去除假牙。将其头部后仰，并偏向一侧，以保持患者的呼吸道通畅，防止窒息。将患者立即搬至空气流通的地方。一旦发生心脏骤停或者呼吸停止，立即实施心肺复苏术。

●腹痛

腹痛是一种症状，无论是外科疾病还是内科疾病，都可能会引起腹痛。腹痛方式、性质和部位都可以反映疾病。腹痛时，取俯卧位可使腹痛减轻，可用双手适当压迫腹部使疼痛缓解。平卧床上，蜷起双腿，屈膝，放松腹部。如腹部僵硬、压痛明显，则用手指压住疼痛部位，然后猛然抬手。可口服阿托品、颠茄片解痉止痛。腹痛忌服索米痛片，腹痛原因不明时禁用哌替啶等镇痛剂，以免耽误病情。

●溺水

溺水是由于大量的水灌入肺内，或遇冷水刺激引起喉痉挛，造成窒息或缺氧。若抢救不及时，4～6分钟内即可导致溺水者死亡。对溺水者进行急救时具体做法：

1. 保持呼吸道通畅：立即清除口、鼻内的泥沙、呕吐物，松解衣领、纽扣、内衣、腰带、背带，但要注意保暖。必要时将溺水者的舌头用手巾、纱布包裹拉出，以保持其呼吸道通畅。

2. 控水（倒水）：急救者一腿跪在地，另一腿屈膝，将溺水者腹部横放在大腿上，使其头下垂，接着按压溺水者背部，使其胃内积水倒出。或急救者从后抱起溺水者的腰部，使其背向上，头向下，这样也能使水倒出来。

3. 人工呼吸、胸外心脏按压和吸氧：这些在送往医院的途中都不宜停止，待判定好转或死亡后，才能停止。

4. 另外，不习水性者落水后，不必惊慌，迅速采取自救：头后仰，面向上，尽量使口鼻露出水面，进行呼吸，不能将手上举或挣扎，以免使身体下沉。

●呕吐

呕吐是经口将咽入胃内的有害物质吐出的一种反射动作。呕吐之前一般会有恶心、上腹不适等症状产生。发生呕吐时，患者宜采取半坐位或侧卧位，切不可仰卧，以免呕吐物被吸入气管。针刺内关、中脘、足三里等穴位，有减轻恶心呕吐作用；针刺上脘、内关、公孙等穴位，有治疗神经性呕吐的作用。用冰袋或冷毛巾置于胃部，可以止住恶心、呕吐。

●腹泻

患者排便次数增加、粪便稀薄不成形或带脓血都称为腹泻。严重腹泻可致水电解质紊乱、酸碱失衡、脱水，甚至休克。腹泻时应充补给水分，最好饮用加少量食盐的温开水，也可饮用各种果汁饮料，不可饮用牛奶或汽水。非感染性腹泻，可服用黄连素等药物；感染性腹泻应服用抗生素药物。呕吐、腹泻明显而严重脱水者，则应迅速将其送往医院，进行静脉补液。

●中暑

夏季长时间受到强烈阳光的照射，长途行走导致过度疲劳或停留在闷热潮湿的环境中，均容易导致中暑的发生。

出现中暑前期症状时（开始感到全身疲乏、四肢无力、胸闷、心悸、头昏、注意力不集中、口渴、大汗等，体温可正常或略有升高），患者应立即撤离高温环境，轻移至阴凉处安静休息，并补充含盐饮料，即可恢复。

出现中暑前期症状时（出现颜面潮红、胸闷加重、皮肤灼热，并且大量出汗、恶心呕吐、血压下降、脉搏加快等），可用温水浸透的毛巾擦拭中暑患者的全身，并不断摩擦患者四肢及躯干皮肤，同时配合电风扇吹风。

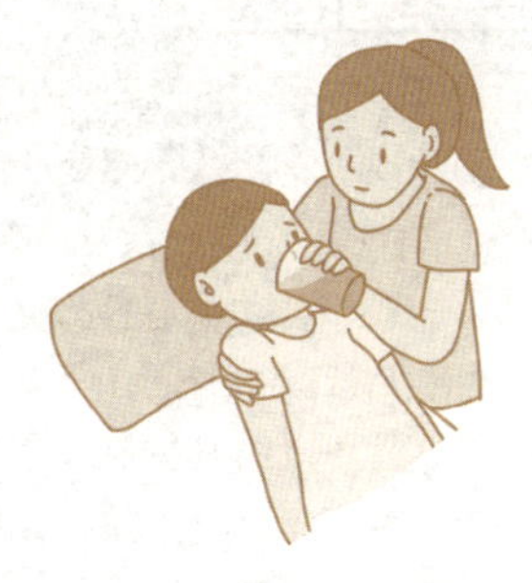

中暑者昏倒时，将其抬到阴凉处或者空调供冷的房间，让其平卧休息，解松或者脱去衣服。

●中风

中风又称脑血管意外。西医学将中风分为出血性中风和缺血性中风两类。高血压、动脉硬化、脑血管畸形常可导致出血中风，而风湿性心脏病、心房颤动等常形成缺血性中风。

发现有人突然发生中风，千万不能惊慌失措，应立即呼叫 120 请求援助。在救护车到来之前，若患者意识尚清醒，应立即让其处平卧位，并要注意安慰患者，解除其紧张情绪。若患者意识已丧失，则设法将患者抬到床上，最好有 2 ~ 3 人同时抬，避免患者头部受到震动。让患者安静躺下，抬高床头。待病情稍稳定后再送医院抢救，但在送医院途中应特别小心，搬运过程中动作要轻柔稳健，头部要专人保护，减少头部震动。

●发热

发热患者可用以下方法缓解症状：

1. 用温水泡澡： 用温水（37℃左右）泡澡，可使皮肤的血管扩张，体热散出。每次泡澡 10 ~ 15 分钟，4 ~ 6 小时 1 次。

2. 用凉毛巾擦拭： 用稍凉的毛巾（约 25℃）在额头、脸上擦拭。

3. 使用冷水枕： 体温 38℃以上者可使用冷水枕，利用较低的温度使局部散热，达到降温的目的。

●急性心肌梗死

急性心肌梗死是由于冠状动脉粥样硬化、血栓形成或冠状动脉持续痉挛，导致冠状动脉或分支闭塞，促使心肌因持久缺血、缺氧而发生坏死的疾病。

急性心肌梗死发作时，要注意以下几点：患者应深呼吸，然后用力咳嗽，其所产生的胸压和震动，与心肺复苏术中的胸外心脏按压效果相同。此时，用力咳嗽可为后续治疗赢得时间，是有效的自救方法。患者应安静休息，防止不良刺激。家有氧气者可以给其供氧。急救时患者保持镇定的情绪十分重要，家人或救助者更不要惊慌，应就地抢救，让患者慢慢躺下休息，尽量减少其不必要的体位变动。情况严重的患者，应及时呼叫救护车或医生前去抢救。

●心绞痛

心绞痛是冠状动脉供血不足，导致心肌急剧地暂时缺血与缺氧所引起的临床综合征。

发生心绞痛时，患者应停止一切活动，平静心情，可就地站立休息，无须躺下，以免增加回心血量而加重心脏负担。取出随身携带的急救药品，如硝酸甘油片，将一片嚼碎后含于舌下，通常 2 分钟左右疼痛即可缓解。如果效果不佳，10 分钟后可再在舌下含服一片，以加大药效。

但需注意，无论心绞痛是否缓解，或再次发作，都不宜连续含服三片以上的硝酸甘油片。若疼痛加剧并随身带有亚硝酸异戊酯，将其用手绢捏碎后凑近鼻孔吸入。

●哮喘

协助患者采取坐位，以使其膈肌下降，胸腔容积扩大，肺活量增加，减少体力消耗。给患者吸入氧气，以便纠正或预防低氧血症。注意补充水分，这样可防止因脱水、痰液过于黏稠及痰栓形成而加重气道阻塞。哮喘病是一种慢性支气管疾病，一年四季均可能发病，以寒冷季节及气候急剧变化时患者数最多。

●早产

早产是指在预产期前即完成分娩，孕期为 29 ~ 36 周，多见于 18 岁以下或 40 岁以上的孕妇。孕妇出现破水或一阵一阵的腹痛时，要马上送医院。在来不及的情况下，要准备好干净的毛巾、布、纱布、大水盆、热水（不能太烫）、用打火机消毒的剪刀、粗线、包袱布、热水袋、产妇的衣裤等产前用具，叮嘱产妇不要用力屏气，要张口呼吸。当婴儿头部露出时，用双手托住头部，注意不能硬拉或扭动；当婴儿肩部露出时，用两手托着头和身体，慢慢地向外提出，然后等待胎盘自然娩出。待婴儿完全分娩出来后，将婴儿包裹好，用干净柔软的布擦净婴儿口鼻内的羊水，不要剪断脐带，将胎盘放在高于婴儿或与婴儿高度相同的地方，并尽快将产妇和婴儿送往医院。

常见病防治

止咳化痰

1. 冰糖蒸萝卜

取白萝卜适量、白糖 100 克，将白萝卜洗净切碎，捣汁 1 小碗，加白糖蒸熟吃，用冰糖效果更好。临睡前服下，连服 3 ~ 4 天后，咳嗽就慢慢减轻了。

2. 橘皮茶叶红糖泡水

取干橘皮 4 克、茶叶 4 克、红糖适量，混合后用适量开水冲泡 10 分钟，时常多喝，即可产生镇咳化痰的功效。

3. 蜂蜜姜汤

取生姜 250 克，捣碎，用纱布将汁滤出，按 1 ∶ 1 兑蜂蜜，上火煮开后再倒进碗里，早晚各 1 汤匙。

治感冒

1. 芦荟汁滴鼻

芦荟中含有芦荟酊和芦荟苦素，有很强的消炎、杀菌、抗病毒功效。生食芦荟鲜叶早晚各 6 克，并用芦荟汁滴鼻，能缓解流感症状，服用 4 ~ 5 天可痊愈。要注意的是，芦荟叶一次服用不宜超过 9 克，否则可能引起中毒。

2. 烤橘子

将整个带皮橘子用火烤，等橘子冒气有橘香味时，即可取食。吃时去皮，不剥经络。

●治便秘

1. 菠菜猪血汤

取鲜菠菜500克，洗净切成段；鲜猪血250毫升，切成小块，和菠菜一起加适量的水煮成汤，调味后于餐中当菜吃，一日吃3次，常吃对治疗习惯性便秘十分有效。

2. 核桃芝麻粥

每日早晚用核桃仁、黑芝麻、松子仁，加适量冰糖和少量大米煮成核桃芝麻粥，与早晚餐一同吃下，有助于缓解便秘。

3. 水煮甘薯

将甘薯洗净切成块，加入适量的水煮熟，然后用白糖调味，睡前食用。

4. 决明子泡茶

取决明子100克，微火炒（别炒煳），每日取5克，放入杯内用开水冲泡（可加适量白糖），泡开后饮用，每日2～3杯，连服7～10天有效。

●治头晕

1. 蛋煮红枣

取2～3枚鲜鸡蛋或1～2枚鲜鸭蛋，和50克红枣一起放入砂锅内煮熟，可适当加些白糖或冰糖。每天吃1碗，连吃几次可治头晕。

2. 白萝卜姜葱捣泥

取白萝卜、生姜、大葱各50克，共捣成泥，敷在额部，每日1次，每次半小时，连敷数次对头晕很有效。

3. 口含鲜姜片可防晕车

上车前将鲜姜洗净切片，装入塑料食品袋内备用。上车后取出一片放入嘴里含吮，味淡后更换新姜片，可预防晕车。

4. 银杏粉治眩晕

取30克银杏，去壳研成粉，分成4份，早晚饭后各服1份，服用1周即可好转。需注意的是，银杏有毒，因此不可随意加量，也不可长期服用。

●治腹泻

1. 山药糯米糊

将100克山药研末，与500克糯米粉调匀，每日早晨取4汤匙，加适量水与白糖，煮成面糊，当早点食用。久服对慢性腹泻患者疗效较佳，剂量可酌情加减。

2. 熟苹果治小儿腹泻

把洗净的苹果放入碗中隔水蒸软即可，吃时去掉外皮，一日3～5次，治疗小儿腹泻初起效果确实好。

3. 莲子心汤

取100粒左右莲子心，放在砂锅里加水煮10分钟，所得汤药分2次服用。剩下的莲子心再用开水冲服，1次服完。早晨空腹时喝下效果较好。

●治腰腿痛

1. 自制药酒

将36枚大红枣、50克杜仲、50克灵芝、375克冰糖用1500毫升高粱酒密封泡制7日即可饮用，酒饮完后可再加1500毫升酒续泡1次。每日早晚空腹各饮1次，每次10毫升左右，酒量大的人多饮一些也无妨，连续饮用，直到疼痛减轻或消失。

2. 红花透骨草酒热熏

取红花、透骨草各 50 克放入盆内，倒 2 碗水，文火煎半小时后，点上白酒 50 克，趁热放在双腿膝盖下用棉被将双腿盖严，趁热熏腿（千万别烫着）。秋冬季节每晚临睡前熏 1 次，持之以恒，定能有效。

3. 二锅头泡干辣椒

取小干辣椒（最好是朝天椒）50 克、二锅头 200 毫升，将辣椒浸泡在白酒里，7 天后涂抹患处，持 2 ~ 3 次即见效。

●治跌打损伤

1. 桃仁加酒除瘀血

将桃的核捣开，里面有茶色桃仁，多收集一些桃仁，炒熟，不要炒得呈焦黄，放入瓶中保存，遇有跌打损伤而造成瘀血时吃 4 ~ 5 粒，加点白兰地酒服。此法对伤口瘀血的消除确实可行。

2. 冰块治跌打损伤

如果不慎扭伤，一时找不到药物，可以取点冰块缓解伤口的疼痛。深部软组织损伤后，不久就会形成瘀血或瘀肿。如在损伤后立即取柔软的毛巾盖在患处，再在毛巾上放一块家用冰箱制成的冰块，这样刺激血管收缩，渗血逐渐减少，就可在一定程度上减轻软组织肿胀。

3. 生姜、韭菜治关节扭伤

将生姜切碎和鲜韭菜一起捣烂，外敷在关节扭伤处，并用纱布将其固定。每晚更换 1 次，通常情况下 2 ~ 3 天以后就可消肿止痛。

●治脚气

1. 啤酒治脚气

准备一瓶装或两罐装啤酒，倒入盆中，不加水，双脚清洗后放入啤酒中浸泡 20 分钟后再冲洗。每周泡 1 ~ 2 次。平时也注意勤洗脚，睡前泡泡脚最好。

2. 冬瓜皮治脚气

将冬瓜皮熬水，水熬好后晾温，把脚放在冬瓜皮水里泡 15 分钟，连续泡一段时间，脚气就会好转。

3. 黄豆治脚气

将 150 克黄豆打碎，加适量水，用小火约煮 20 分钟，稍凉后用该水泡脚，治脚气效果极佳，能脚不再脱皮，而且能滋润皮肤。

4. 槟榔片治脚气

取槟榔片 9 克、斑蝥 3 克、全虫 3 克、蝉蜕 2 克、五味子 3 克、冰片 3 克，用白酒 150 毫升密封，浸泡 1 周后使用。用时将药涂在患处，适量即可。涂药后，如患处起泡，用针刺破放水，用纱布包上即可，两三天即好。此方只供外用，严禁内服，小心感染。

●治失眠

1. 红枣百合粥

百合 20 克，红枣 20 枚，绿豆 50 克，大米 50 克。先将绿豆煮至半熟，放入百合、红枣和大米，再煮成粥，早晚各喝 1 次即可。

2. 枸杞泡蜂蜜

每次取饱满新鲜的枸杞，洗净后浸泡于蜂蜜中，1 周后每天早、中、晚各服 1 次，每次服枸杞 15 粒左右，并同时服用蜂蜜。

3. 绿豆枕治失眠

取花椒250克、菊花1000克、鲜绿豆2500克，拌匀装入布袋，做成一个绿豆枕。

4. 香蕉催眠

失眠者如在睡前吃些香蕉就容易入睡，因为香蕉含糖量高，碳水化合物能增加大脑中5-羟色胺化学成分活力，可以催人入眠。

5. 龙眼茶酸枣水

每晚用15克龙眼肉、10克酸枣仁泡开水1杯，于睡前当茶饮用，7天为一个疗程。

●降压降脂

1. 花生浸醋降血压

用花生仁（带红衣）浸醋1周，酌加红糖、大蒜和酱油，密封1周，时间越长越好。早、晚适量食用，一两周后血压会下降，配上日常降压药，效果更好。

2. 蒸山楂肉可降血压

取12颗山楂洗净，放入锅中蒸20分钟，蒸熟后将山楂子挤出留山楂肉，分别在早、中、晚饭时吃4个，长期食用，有显著降压效果。

3. 芹菜汁加冰糖降血压

取200克新鲜芹菜，洗净后，捣出半杯汁加冰糖炖服，每晚睡前服，持续10天左右，即可产生显著的降压效果。

●治支气管炎

1. 蜂蜜酸石榴膏

取2枚酸石榴（约500克），洗净，去掉榴蒂，将石榴掰碎连皮带子一同放入药锅，兑100毫升蜂蜜，加水没过石榴，用文火炖（不可煎煳），待水分蒸发干、石榴熬成膏状起锅。将石榴盛入洁净的大口瓶中，每日服用数次，每次2小匙，久服见疗效。

2. 香油蜂蜜治气管炎

取蜂蜜、香油各125毫升，用铝锅或铁锅先把香油煮开，然后倒入蜂蜜煮开即可食用。每天喝3次，每次1汤匙，喝数日即有显著疗效。香油含有一种不饱和脂肪酸，人体服用后极易分解、排出，它可促进血管壁上沉积物的消除，有利于胆固醇代谢。

●治糖尿病

1. 南瓜绿豆汤治糖尿病

取100克绿豆洗净，将2千克去子带皮的南瓜洗净后切块，与绿豆一起下锅，加水至没过南瓜，一同煮熟即可。食用南瓜绿豆汤，能起到改善糖尿病、通利大便的作用，并能代替主食，是一种比较好的食疗方法。

2. 芦荟叶治糖尿病

间断性服用芦荟鲜叶，能净化血液，软化血管，促进血液循环，改善糖尿病。注意，芦荟叶1次服用不宜超过9克，否则可能中毒。

●治创伤

1. 鱼肝油可治外伤

鱼肝油含有丰富的维生素，是滋补健身之佳品。它还是外用妙药，具有生肌长肉、愈合伤口的良好疗效。具体用法是：对新伤口先进行常规灭菌消毒处理，已溃伤口先进行彻底排脓清创处理，然后将浓缩鱼肝油丸剪破，用鱼肝油汁浸盖创面，1 ~ 2 天伤口即能愈合。用量视伤口大小而定，以鱼肝油汁完全覆盖伤口为宜。

2. 橘皮膏治烧烫伤

把鲜橘子皮放入玻璃瓶内，拧紧瓶盖，橘皮沤成黑色泥浆状做成橘皮膏。烫伤时，在患处涂上橘皮膏即可，有一定疗效。橘子皮最好一年一换。

3. 蜂蜜外涂伤口治烧烫伤

小面积轻度烧伤或烫伤，用生蜂蜜涂创面，可减轻疼痛，减少液体渗出，控制感染，促进伤口愈合。方法是先消毒处理烧伤处，然后用消毒棉签或干净毛笔蘸清洁生蜂蜜，均匀涂在创面，创面不必包扎，冬天要注意保暖。烧伤初期每日可涂 3 ~ 4 次，待形成焦痂后，可改为每日涂抹 2 次。如果焦痂下积有脓液，应先将焦痂揭去，待清洁创面后，再涂蜂蜜，这样可以加快伤口愈合。

●治痔疮

1. 杨树条煮水熏蒸治痔疮

将当年生的杨树条，剪成 7 ~ 10 厘米长，共 20 条，放在锅里，加水 2500 ~ 4000 毫升煮至水发红为止，然后立即倒入新盆内，用蒸汽熏蒸肛门，待水不烫手时，用水洗患部即可。

2. 马齿苋治痔疮

将鲜马齿苋洗净，去根，把茎叶一起捣烂，晚上睡觉前敷贴在肛周患处并固定，晨起后用晾温的开水洗净，保持肛门周围的清洁卫生。

●治冻疮

1. 红花金银花膏治冻疮

取红花 50 克，金银花 20 克，放入水中煎煮，煮开后除去渣子，再用小火将其熬成膏状。煮好后将其涂于患部，并用纱布包扎好，每日更换，数日即可痊愈。

2. 热橘皮治冻疮

鲜橘皮（或芦柑皮）放在烧水或煮饭时的金属盖上，待橘皮发热时（不会烫伤皮肤的温度）贴在冻伤处按摩片刻，不停地换热橘皮擦至患处发热为止，以不擦破皮肤为度。需注意，已经溃破者不适宜用此法。

3. 樱桃酒治冻疮

将 250 克鲜樱桃（樱桃干也可以）泡入一瓶二锅头酒中，浸泡 5 ~ 7 天即可使用。使用时，先将患处洗净，然后用樱桃酒擦患处，每 3 小时擦 1 次，几天后冻疮会好转。

●治湿疹、痱子，祛痘

1. 土豆治湿疹

湿疹多由神经系统功能障碍引起，它能导致面部、阴囊或四肢弯曲部位的皮肤发红、发痒或形成丘疹、水泡。可将土豆洗净、切块，捣成泥糊状，敷盖在患处，外用纱布包裹，每日更换 2 次，6 天后可以治愈。

2. 苦瓜治痱子

取成熟的苦瓜 1 个，用刀切成两半，剔去籽粒，将适量硼砂置入瓜腹中，硼砂即可溶化。用消毒棉球蘸汁液擦痱子处，几小时后痱子即可消失。

3. 醋水熏脸除痤疮

用半杯开水兑 1／3 杯的醋，将杯口对着脸，保持 3 ~ 5 厘米的距离，用该蒸汽熏脸，水凉后，用此温水洗脸。坚持一两个月就会有很明显的效果。

4. 柠檬汁蛋清面膜祛痘

将柠檬挤出的汁混入 1 个蛋清内，调匀后涂在面部，30 分钟后就形成了面膜，再过 30 分钟用清水洗掉即可。

5. 野菊花汁祛痘

取野菊花 50 克，放入适量的水中煎煮熬成 200 毫升的汁液，然后将汁液用容器装好放入冰箱，将其冻成若干个小块。每次洗完脸后，取一小块涂抹脸部，每次 10 分钟左右，每天 2 次，数日即愈。

●治皮肤干裂

1. 醋治手脚裂

将白醋和甘油以1∶1调和，然后装入小瓶内，每晚洗脚擦干后将此油擦于患处，几天后皲裂口愈合。

2. 鱼肝油治皮肤皲裂

冬季皮肤干燥皲裂，可在每晚睡前先用温水浸泡皲裂处使之软化。然后，取鱼肝油丸2～3粒，挤出丸内油性液体涂抹皲裂处。每晚涂1次，连续1周即可痊愈。

●治胃炎

1. 韭菜子红糖缓解胃痛

取韭菜子、红糖各200克，将韭菜子炒黄研末，与红糖拌匀，每次取1汤匙，用滚开水冲泡饮服，每天3次。

2. 柿子面饼去胃寒

选3～4个软的柿子，用开水烫一下，去掉柿子皮，加入少量的面粉，和成软一点的面团，然后擀成小饼，用温火烙，烙时加入少许食油。烙好的小饼外焦里嫩，能祛寒暖胃。

3. 白糖腌姜治胃寒

取鲜姜（切细末）500克、白糖250克，腌在一起，每日3次，饭前吃，每次吃1匙，要长期坚持吃。

4. 猪心白胡椒治胃炎

取猪心1个、白胡椒10克，把猪心切成3～4毫米厚的薄片，将白胡椒研末，均匀地撒在猪心片上，然后蒸熟。清晨空腹食用，每天吃1个猪心，一疗程为7天。

●治鼻炎、酒糟鼻

1. 韭菜绿豆治鼻出血

将韭菜茎和生绿豆搅成泥状，用冷开水冲匀，沉淀以后，饮上层清水，几次就可见效。

2. 香油治过敏性鼻炎

将普通的食用香油滴入鼻内，每天 3 ~ 5 次，每次 5 滴左右。滴前将鼻涕擤干净，持之以恒，必定见效。

3. 茭白治酒糟鼻

将鲜茭白剥去外皮后洗净捣烂，每晚在鼻上薄薄涂抹一层，用纱布盖上，外加胶布固定，次日早晨洗去。白天则用茭白挤汁涂，每天涂抹 2 ~ 3 次。同时取鲜茭白 100 克用水煎，早晚各食 1 次。如此连续 1 周，可见好转。

●治咽炎

1. 蜂蜜茶水治咽炎

取适量茶叶，用小纱布袋装好置于杯中，取沸水泡茶（比饮用的稍浓），凉后加适量蜂蜜搅匀，每隔半小时漱咽喉并咽下。一般当日见效，2 天即痊愈。

2. 蒜泥外敷治扁桃腺发炎

将一瓣蒜捣烂成泥，睡觉前敷于大拇指和食指之间的凹陷处，第二天醒来会起个小水泡，注意要让水泡慢慢地吸收即可，不能人为弄破，否则会感染发炎。照此法治疗扁桃体发炎，医院都不用去了。

3. 盐水含漱治咽喉肿痛

治疗喉痛的方法有甚多，现介绍一种简单又好用的方法。咽喉轻微肿痛时，可将淡盐水含在嘴里，头部后仰使盐水在喉部“咕噜”作响，由此可消炎灭菌、减缓疼痛。平日清晨可用淡盐水刷牙，可起预防和巩固之效。

●其他病症

1. 按摩睾丸治阳痿

每晚临睡前洗净下身后，取坐位最好，仰卧位亦可，将睾丸置于手掌中，反复轻揉，要轻、柔、缓、匀，有舒适感，意念专一，神不外驰。每天早晚各1次，坚持一段时间后，性功能可得到改善。

2. 淘米水治外阴瘙痒

取1000毫升淘米水，加入1毫克食盐，倒进铁锅中煮沸，待温凉后用纱布蘸擦患处，每天至少2次，一次擦洗3分钟，擦2天便见止痒效果。

3. 巧用醋除牙垢烟渍

经常吸烟的人，牙齿会被熏上一层黑黄色的烟垢，用牙膏很难刷掉，但用醋刷便能使牙齿去垢洁白。具体方法是：含半口食醋，在口腔里蠕动2～3分，然后吐出，再用牙刷刷洗，最后用清水洗净，反复几次可除烟垢。

4. 橘皮末洁齿

将橘皮研成细末，每天刷牙时掺入牙膏少许，不仅可使牙齿洁白，满口清香，而且由于橘皮有很强的防腐灭菌作用，长期坚持还能有效固齿。

5. 凉盐水洗眼治眼结膜炎

取干净的脸盆和毛巾，用温开水沏半羹匙盐放入脸盆，盐化开后，再放些凉水。用手捧盐水，让双眼浸入手心盐水中，眼皮上下翻动数次，然后用干净的毛巾擦干眼睛。每天洗2～3次即可，约4～5天后眼结膜炎可好。

6. 芹菜叶可除鸡眼

将芹菜叶捣烂，贴在鸡眼处，用纱布和胶布固定，每天换1次。坚持1周左右，鸡眼即可消失。

7. 菊花茶妙除口臭

口臭的原因不外乎是蛀牙，或者因肝脏、胃有毛病而引起的。如果是肝脏或胃的原因，喝菊花茶是消除口臭最好的办法。

方法是：取 20 克菊花，放 4 杯水煮成菊花茶饮用。

8. 鲫鱼治孕妇呕吐

为了防止孕妇呕吐，满足母体营养和胎儿生长发育的需要，孕妇应养成少吃多餐的膳食习惯，吃些其平日喜欢的食品或高蛋白、低油脂的食品，且要味轻口淡。若经常呕吐，可以取活鲫鱼或鲤鱼一条，剖腹洗净后，放入砂锅内不加调味品煮熟，然后趁热服。

9. 神经衰弱喝猪心粥

大米 150 克，猪心 50 克，莲子 10 克，芡实 10 克，桂圆 10 克，红枣 3 枚，姜丝适量。先将猪心洗净切片，其他材料洗净备用。锅中注水，下大米煮沸，放猪心、红枣、莲子、芡实、桂圆、姜丝，转中火熬煮成粥，最后放盐调味即可。

10. 盐醋热敷治痛经

取老陈醋 90 毫升、香附（捣烂）30 克、青盐 500 克，先将青盐爆炒，再抖炒香附末，半分钟后，将陈醋均匀地倒入盐锅里，随倒随炒，炒半分钟，装进 10 厘米 ×20 厘米的布袋里，袋口扎紧，放脐下或疼痛处进行热熨。此方用起来比暖宝宝安全，还能调理身体。

养生保健

●睡觉宜南北方向

地球的南极和北极之间有一个大而弱的磁场，如果人体长期顺着地磁的南北方向，可使人体器官细胞有序化，调整和增进器官功能。头朝南或朝北睡觉，久而久之，有益于健康，表现为睡眠质量得好、精力充沛、食欲增加，神经衰弱、高血压等慢性病的患者，症状会有所改善。

●打乒乓球预防近视

打乒乓球或观看来回跳动的乒乓球时，眼球将不由自主地随着忽近忽远、旋转穿梭的乒乓球快速运转。这样可促进眼部血液循环，消除和减轻眼睛疲劳，可达到预防近视的目的。

●面部防衰老的窍门

张大嘴巴。嘴巴张到不能再大时，打个哈欠，吐出废气，连做 4 ~ 5 次。这个动作能加强气体交换，消除疲劳，而且能锻炼嘴巴周围的肌肉。

下颏运动。下颏做上下、左右、前后的伸缩运动，每个动作做 4 ~ 5 次。经常做可消除疲劳，又可防止面颊和颏部肌肉的松弛。

●茶叶枕有益健康

平日将泡饮后的茶叶晒干，再加入少量茉莉花茶，拌匀装入枕头即为茶叶枕。因为茶叶含有芳香油、咖啡因、茶碱、可可碱、茶鞣酸等，有降压、清热、安神、明目等功效，可辅治头晕目眩、神经衰弱等症，且有利于睡眠。

●吃猪蹄养肤

经常吃猪蹄可延缓皮肤老化，起到“皮可补皮”的作用。因为猪蹄中含有很丰富的胶原蛋白质，胶原蛋白质是生长皮肤细胞的主要原料，通过体内与胶原蛋白质结合的水，影响某些特定组织的生理机能，补益精血，从而使皮肤丰润，皱纹减少。如果体内缺乏胶原蛋白质，就会使细胞贮水机制发生障碍，导致皮肤干瘪出现皱纹。所以，吃肉时不要把肉皮扔掉，同时要多吃些含胶原蛋白多的东西。

●正确节食减肥法

正确的节食减肥法应该是：吃得全面（营养不缺）、减少热量摄入（量要少）、经常更换食谱（不厌食）、适量运动（消耗热量）。下列具体做法可供参考：

多喝水，饭前 15 分钟喝 1 ~ 2 杯开水，这样既能减少进食量，对胃也有一定好处。

缓食，每吃一口饭菜都要细嚼慢咽，品尝滋味，在几十分钟的进食过程中，使大脑能有充裕的时间接受来自胃的刺激，产生饱腹感，避免摄入过多的热量。

多吃富含维生素的食物，如水果、蔬菜和粗粮，不仅可以减少一定热量的摄入，且易产生饱腹感。

●经常锻炼有助于睡眠

对于办公室中的白领来说，身体方面的运动是必不可少的。据调查，那些经常锻炼的人在睡眠质量方面要明显优于那些不做锻炼的人，并且更少出现失眠的现象。每天请保持 20 分钟的户外活动，以此让你的身体达到兴奋状态，晚间你才会感到疲劳而乖乖休息。

●预防皮肤干裂的窍门

冬天皮脂腺分泌油脂减少，人们感到手脚干燥，时间长了，就会出现裂口，甚至流血。为预防皮肤干裂，手脚洗完要立即擦干，最好涂上甘油或护肤膏。禁用碱性大的肥皂洗手洗脚。手脚要注意保暖，避免受冻，平常多吃胡萝卜、菠菜。

●洗脸小窍门

针对不同肤质，洗脸的方式也有区别：

中性皮肤：先用冷水洗脸，然后用热水蒸气蒸片刻，再轻轻抹干，即可使肌肤变得柔滑有弹性。

油性皮肤：洗脸时，在温热水中加入几滴白醋，能有效地消除肌肤上的多余油脂，从而避免毛孔阻塞。

干性皮肤：在洗脸水中加入几滴蜂蜜，洗脸时沾湿整个面部，并拍打按摩面部，这样能滋润脸部及增添肌肤光泽。

衰老的皮肤：用冷水洗脸时加入海盐、凉冷的浓茶，甚至新鲜的水果汁，对补充肌肤养分都能起到一定的作用。

上述洗脸窍门，各位请分辨适用。

●牛奶敷面美容法

当出现皮肤过敏症状时，取鲜奶一袋，用药棉蘸着牛奶涂于面部，这样可以快速补充面部皮肤损失的营养。随后，将蛋清涂在脸上，待蛋清被皮肤吸收干燥后再用清水洗去，最后再涂上少许黄瓜泥，这样脸部皮肤因过敏而产生的红肿、发炎便可消去，并且还可预防面部皮肤再次过敏。

●赤足行走巧健身

赤足行走是脚部按摩的方法之一。刺激双脚能给大脑带来营养，改善调节功能，有益健康，还可以预防流感。赤脚行走的方法是：早晚穿着袜子在室内行走 15 ~ 30 分钟，并逐渐延长至 1 小时。

还有一种脚尖按摩法，即用脚尖轻轻落地，两脚交替有节奏地以每分钟 140 ~ 180 次的频率原地跑步，并保持全神贯注，默数次数，每次 3 ~ 5 分钟，有改善情绪、集中精力、增强记忆的效果。

● 热敷眼部防老年人视力减退

每天早上洗脸时，将毛巾浸在热水里，拿出后不要拧得过干，立即折起趁热盖在额头和眼部，头稍仰起，眼睛暂时轻闭，约 1 分多钟，温度降低再将毛巾烫热，反复做 3 次。每天坚持，不要间断，可保护老年人的视力，延缓视力衰退。

●养生口诀

对于养生之道，有下列十二“要”字诀：

1. 发要常梳。每日用十指干揉、干梳头，有明目祛风、稳固发根之效。

2. 面要常擦。以双掌浴面，可使脸部生光，少起皱纹。

3. 目要常动。两眼经常活动，以防近、远视。

4. 耳要常弹。用手弹耳，使耳活动并轻拍耳部，可防耳鸣头晕，并益补丹田。

5. 齿要常叩。每日使上下齿互叩数十下，达到固齿、坚齿之目的，以利消化。

6. 舌要抵腭。以舌尖轻抵上腭，使生津液。

7. 津要数咽。将所生津液咽下，一日数次，有利消化。

8. 浊要常呵。大小便均用力排出，不使积聚，以免膀胱、直肠发生病变。

9. 腹要常擦。每天经常用手掌按正反时针方向摩擦腹部，能使腹部脂肪消散，加强腹肌力量，可防治胃下垂。

10. 肛要常提。每天将肛门收缩数十下，可免生痔疮，收缩括约肌，不生便秘。

11. 肢节要常摇。四肢常活动，可使血液流通顺畅。

12. 皮肤要常摩。常用手掌在身体各处作干浴，能运行气血，使肌肤生辉。

以上十二“要”如能经常运用，会产生一定效果。如从中年开始，收效更加显著。

家人照护

●卧床病人头发护理

头发护理包括梳头和洗头。

床上梳头方法：在枕头上铺一条干毛巾，帮助病人把头转向一侧，由发根慢慢梳理。若头发打结，可用酒精浸润再小心梳顺。一般每天梳理 1 次即可。

洗头：长期卧床病人每周至少洗头 1 次。一般用小毯子卷扎成一个马蹄形垫，洗头时垫在颈下，头部固定在槽中，以防打湿床单。洗头时，注意观察病人面色、脉搏、呼吸的变化，如果发现异常，应立即停止洗头。

●护理口腔预防感染

长期卧床的慢性病人，口腔内的细菌携带比正常人多，其实漱口比刷牙更重要。因此，卧床病人在就餐后一定要漱口；病重或吞咽有困难的病人（中风、脑瘫、口腔内肿瘤术后）等，自己不能漱口的病人，可在就餐后用饮水的方法代替漱口。

漱口的方法：含一口温开水用水冲洗牙齿及口腔；漱口之后刷牙，清洁牙齿表面及牙缝内残留物；刷牙后仍需漱口，为了将齿面、齿缝内刷出的残留物通过漱口清理出口腔。

另外，夜间排尿后最好饮一两口温开水。老人外出活动时间过久，回家后也应先漱口。

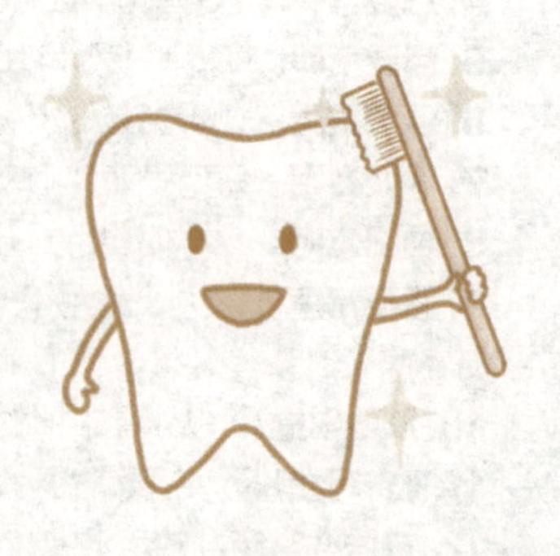

●卧床病人洗手护理

将病人双手放入水盆中浸湿，涂上少许肥皂，逐一搓洗手掌、手背、指缝间、手掌两侧、指关节背面、手指及指尖、腕关节等部位，每次搓洗不少于 10 秒钟，再放入温水中洗净，用毛巾擦干，最后涂上护肤油。

●卧床病人床铺整理

为卧床病人整理床铺，至少一周更换 1 ~ 2 次床单，床单污浊时要随时更换。更换床单时，关好门窗，移开床旁桌、椅；协助病人翻身至对侧，松开近侧床单，用床刷从床头至床尾扫净床单上的渣屑，应注意将枕下及病人身下各层彻底扫净，然后将床单拉平铺好，协助病人翻身卧于扫净之一侧；转至对侧按以上法逐层清扫，并拉平床单铺好；整理被盖，将棉被拉平盖好；取下枕头揉松，放于病人头下。

●为卧床病人擦澡

先准备好擦洗物品：浴巾、毛巾、脸盆、香皂、热水及换用衣裤。关好门窗，调室温（22℃ ~ 24℃），病人解好大小便。热水以不烫手为宜，脸盆放于床旁，干浴巾铺于擦洗部位下面。先用热水毛巾洗脸、颈及耳后部。脱去病人上衣，依次擦洗上肢、胸、腹、背，洗后穿上清洁的上衣。然后再脱去裤子，盖于会阴，擦洗下肢、会阴后，洗净穿上清洁裤子。最后将浴巾铺于床尾，屈起病人双膝，脸盆内倒入温水，先将一只脚放入洗干净，擦干，再换另一只脚。洗毕，撤去脸盆及浴巾，整理床铺及用物。 擦洗中，可根据情况随时更换清水，并注意擦净皮肤皱褶处。擦的动作要轻快，给病人盖好被子，防止着凉。

●卧床病人膳食护理

卧床病人膳食养生要注意以下几点：一吃八分饱，不多吃淀粉食品，防止病人摄取过多糖分；二要有足够的优质蛋白质，如鱼、鸡肉、牛奶及豆制品等；三要摄取足够的钙质，病人容易发生钙质摄取不够，牛奶、大豆制品、小鱼干等可供给钙质；四多吃蔬菜水果，防止便秘，增进胆固醇的排出；五避免吃得太咸，以防高血压；六少吃动物性脂肪及肥肉，最好使用植物油；七不可暴饮暴食，不偏食；八少吃不容易消化的食物，多喝开水，帮助体内废物排泄。

●病人居室装修有讲究

给病人居室房装修时，要谨记四点家装原则：

一忌“角”： 在选择和设计居室时，尽量为病人行走活动减少阻碍，少一些棱棱角角，以免碰伤腿脚不便的病人。

二忌“艳”： 从科学角度看，居室色彩与光、热的协调搭配，能给病人增添生活乐趣，有利于消除疲劳。而色彩过于艳丽，会干扰病人的神经系统，使其感到心烦意乱。

三忌“闹”： 病人居室最基本的要求是隔音效果要好，不受外界影响。

四忌“多”： 居室过多摆设，不仅增大清理难度，还增加不安全因素。此外，卧室的家具尽量靠墙，别经常更换位置。

●使病人更易入睡的妙招

为了使病人易于入睡、熟睡，建议睡前播放轻松、柔和、安静的音乐；用遮光窗帘营造暗、静的环境；睡前温暖被窝；温热水洗脚，特别是足浴，可促进血液循环、放松身心；睡前半小时到一小时喝少许可温暖身体的饮料，如热牛奶、温开水等。

●卧床病人喂食注意

平时吃饭时，不要说话，要细嚼慢咽，以免误吸误咽。另外，给病人喂食时，食物要松软、切碎，给予充分的水分，不使食物粘在喉咙处。

食物应选：柔软的，在口腔内易形成食物团块的食物；入口温暖的，易于识别，并能引起吞咽反射的黏度适中的，不会粘贴在喉咙上的食物，如蒸蛋、稀饭、豆腐脑、山药泥等。

●老年痴呆照顾原则

照顾老年痴呆长者要有足够的精神准备，最好有家人一同协助。老年痴呆症是人类特有的疾病，目前尚无特效药物，但是好的理性的照护能起到一定的治疗作用。

一、不可无视。当长者与照顾者讲话得不到及时回应时，会认为被无视，这会伤害长者的自尊心，由此加重病情。

二、不要催促。照顾者要配合长者的节奏进行护理。

三、说明方式简单易懂。不要指望说服长者，要用长者易懂的方式说明解释，使长者明白，更不要简单命令。

四、不要否定。照顾者要充分认识并接受长者的状态，采取适当方式引导长者；

五、不要责备，指责是禁忌，不要使长者因此产生紧张感和对照顾者的抵触。

六、让长者安心，常用如同婴幼儿的抚摸与肌肤亲昵接触，使长者安心放心，效果很好。

●老年人中风护理

老人中风了，要劝说老人树立信心，锻炼四肢，以免肌肉和神经发生萎缩。经常按摩各个关节和肌肉，这是防止关节僵硬和肌肉萎缩的好方法。肢体可以主动活动时，应鼓励老人坐在床上或椅子上，用脚蹬床档或踩地面。再进一步，则可搀着老人练习站立和行走了。

有些人怕中风老人摔倒，不让老人进行活动，这样并不妥。其实，愈是早期开始活动，肢体功能恢复就越快。为了防止畸形，老人的肢体应用绷带或枕头固定，肘部应成 90°，腕部要放在旋前位。老人易发生足下垂，千万别拿被子直接压在脚背上，最好用支架把被子托起来，脚下再垫个枕头，使踝关节成 90°。

●产后如何正确开乳

很多新妈妈由于自身原因，会导致各种缺奶、少奶、甚至于堵奶现象发生。以下是正确的开奶和催乳手法：

一、利用手指轻轻地按摩乳头，适当地给乳头一定刺激；

二、用手指慢慢地轻柔乳头的根部位置，力度为舒适为止，不要过于用力，以免造成疼痛；

三、按摩时轻轻地抚摸乳房周围，检查乳房周围是否硬块；

四、在乳头上横竖各划一条直线；

五、利用手指按摩的力道，在乳头的两端进行挤压按摩刺激；

六、按摩时手指顺着肋骨的方向慢慢地用力压下；

七、用拇指和食指捏住乳头慢慢地对捏；

八、待乳汁出来后，用拇指和食指开始慢慢地压、捏和扭转乳头。

●催乳应选定最佳时期

产后什么时候开始催乳合适？催乳是有时间讲究的。一般产后 1 周内不宜催乳。产妇的奶水情况与遗传、营养摄取等因素有关，刚生完孩子的产妇身体比较虚弱，此时若强行催乳会导致产妇身体更加虚弱，还会带来多种弊端。

受生理激素的刺激，产后第 1 个月是产妇催奶的最佳时期，但具体时间还要根据产妇的身体状况而定。此外，还要根据产妇的耐受力而定，以免增加产妇胃肠的负担而出现消化不良。催乳时间还应根据产妇的分娩情况而定。产妇若为顺产，产后第 1 天一般比较疲劳，可待身体稍恢复后再喝催乳汤；若为剖宫产，则进食催乳汤的时间可适当提前。

●哺乳的正确姿势

哺乳的正确姿势是：将婴儿置于胸前，使其胸部与腹部贴着母亲身体，但不要太过于贴近胸部。将婴儿的头部稍微倾斜，下巴要碰触胸部，并确定宝宝含住了整个乳晕。当姿势调整正确之后，宝宝开始吸吮，会发现其太阳穴与耳朵都微微颤动，并且乳头不会出现肿痛。

●产后会阴护理

产妇产后会阴疼痛，应在日常护理中多加注意，以免触及伤口，加重病情。产妇在休息时要尽量平躺，以减轻肌肉的压力。此时，产妇可在臀部和腰部各放一个枕头，同时，在胸前保留一点空隙，这样可避免压迫到胸部。喂奶时，产妇可选择侧躺在床上喂，减轻部分肌肉压力。如条件允许，也可试着坐在中空的橡皮垫上哺乳婴儿，但不宜坐得过久，以免引起会阴部的肿胀。

●自然分娩产后护理

自然分娩一般会留下阴道撕裂伤，或者会阴侧切留下的伤口。由于生理构造的原因，会阴部无法保证无菌条件，随时都可能感染，因此，产后的伤口护理十分重要。

自然分娩护理产后伤口方法：首先，用清水清洗外阴，每天 2 次，直到拆线。其次，保持大小便通畅，便后及时清洗外阴和肛门，勤换卫生垫，勤换内衣。另外，睡觉时，最好侧卧于无会阴伤口的一侧，以减少恶露流入会阴伤口的概率。

● 剖宫产产后护理

剖宫产的伤口较大，完全恢复需要 4 ~ 6 周，此期间的伤口护理很重要。剖宫产后伤口护理方法：

一、适当运动。剖宫产术后可以适当下床，多散散步，帮助恢复肠胃功能，也能适当增强体质。

二、注意消毒。伤口范围大，易受外界细菌感染，因此，每天一定要查看腹部切口，并给伤口做好消毒，以免感染。

三、勤量体温。术后 1 周内，每天要测量 2 次体温，如产妇感觉不适，应增加测量体温次。

四、避免沾水。术后 2 周内要避免腹部切口沾到水，可用湿毛巾擦浴，恶露未排干净之前一定要禁止盆浴。

五、少碰伤口。缝合伤口用的多是羊肠线，万一遇到线头外露的情况，千万不要用剪刀去剪，也别试着去抽线，等产后 42 天复查时，让医生来解决问题。

●正确防治产后风

很多产妇受风寒得了月子病，即产后风，是一种以肌肉关节酸楚、疼痛为主要表现的产后风湿病。建议产妇月子期间一定做好保健工作，就可远离产后风困扰。以下几点要做好：

一、要小心寒气。产褥期要避免受寒，不能吹冷风或喝凉水，洗漱宜用温水，不能吃寒凉刺激性的食物。

二、注意休息。平时注意避免身体劳累或精神刺激，保持心绪稳定，切忌过度劳累。

三、勿过度活动关节。产后 2 ~ 3 周内绝对不能过度活动关节，以免损伤关节而引发产后风。

四、适当服用产后补药。产后补虚的中药对恢复气血、预防产后疾病效果显著，但要等恶露完全排净后服用。

五、注意居住环境。产妇的房间要向阳、通风、干燥，保持空气新鲜，有利于身体恢复，可避免产后风 。

●排恶露期注意事项

排恶露是指产后子宫蜕膜脱落，血液、坏死蜕膜等组织经阴道排出，是产妇在产褥期的临床表现，属于生理性变化。恶露有血腥味，但无臭味，其颜色及内容物随时间而变化，持续 4 ~ 6 周，总量为 250 ~ 500 毫升。排恶露期间应听从医师指导，注意清洁。

●产后催乳按摩

按摩催乳原理是理气活血、舒经活络，多采用点、按、揉、拿等基本手法。具体方法如下：将两手拇指、食指放在乳晕两旁，先往下压，再向两旁推开；以乳头为中心点，采取上下、左右对称的方式按摩。这种方法会使乳头突出，进而保证乳腺管通畅、乳汁分泌畅通。

按摩催奶治疗，可促进局部毛细血管扩张，增加血管通透性，加快血流速度，改善局部的血液循环，有利于乳汁的分泌和排出。同时，通过按摩而疏肝健脾、活血化瘀、安神补气、通经行气以调节人体脏腑功能，达到促进组织器官新陈代谢、促进乳汁分泌的目的，以满足宝宝的需求。

●产后瘦身纤体粥

产后瘦身是指女性产后利用功能锻炼、饮食调整、物理方法进行的多种瘦身方法。重点在于紧致肌肤，在产后通过适当运动、涂抹紧致霜来帮助恢复肌肤的紧实。均衡膳食、营养平衡，产后减肥餐的合理搭配，是产后瘦身的关键所在。推荐一道产后减肥粥，香菇鱼片粥。

做法：取大米 150 克，鱼肉 100 克，香菇 4 朵，芹菜 50 克。先将大米洗净浸泡好，放入锅中加水煮；鱼肉切薄片，放少许盐和胡椒粉腌一会儿；香菇、芹菜，切成片；米煮至软烂后，放入鱼片和香菇；煮至粥沸，倒入芹菜，调味即可。

●回乳粥助回奶

回乳指给宝宝断奶后让乳房不再分泌乳汁，主要有自然回奶和人工回奶两种方法。自然回奶可以通过减少母乳喂养的次数、加长喂养的间隙时间；人工回奶可通过食用生麦芽煮水或者加糖豆浆。再次推荐一道乳粥，服用过的宝妈都觉得效果很好。

做法：取粳米 100 克，炒麦芽 30 克，枳壳 6 克，另加适量红糖。先将粳米淘洗干净。将锅置于火上，放入适量的清水，加入炒麦芽、枳壳煎煮，去渣；放入粳米煮成粥，等粥熟时，加入红糖，搅拌溶化即可。

●孕妇宜吃牛奶玉米羹

孕妇吃玉米粥对身体很有好处，一能促进胎儿大脑发育；二能缓解孕期便秘；三能预防水肿；四能安胎凝神；五能缓解孕吐。

做法：牛奶 250 毫升，玉米粉 100 克，白糖 150 克，鸡蛋 2 个。将牛奶、白糖加适量清水煮沸；玉米粉用水调稀后倒入奶锅内搅拌，煮沸后离火；鸡蛋清加入奶糊中，不断搅拌，调匀冷却即可。

●祛除妊娠纹按摩法

妊娠纹通常是怀孕 4 ~ 5 个月之后逐渐出现的常在孕妇的脐下、耻骨部位、大腿内侧、腰两侧以及下腹两侧出现，是一些淡红色或紫色不规则的裂纹。所以想要预防，一定要把握先机，不能让妊娠纹占据美丽的肌肤。

准妈妈在怀孕 4 个月左右的时候，每天用橄榄油擦肚皮和腰部。由于孕妇怀孕后其余地方变化不是很大，因此可以重点擦肚皮和腰部。预防妊娠纹，最重要的就是每天对皮肤的按摩，每次按摩至少 10 分钟，可以看到原来黄绿色的橄榄油慢慢被吸收，皮肤变得有润泽有光，不会有很油腻的感觉。生下宝宝后，还可坚持使用 4 个月，预防妊娠纹产生。

●哺乳期乳腺炎的防治

哺乳期间患乳腺炎，大多是因为涨奶堵奶引起的乳房硬块。轻微炎症不影响喂奶，不过需及时将奶通开，可以采用热敷加按摩的方式，揉开硬块挤奶，或是给宝宝吸奶，排空了就会好的。也可以找通奶师通一下，而且以后要注意尽量将奶吸空了。

哺乳妈妈需要多喝水，清淡饮食，一般不需要使用抗生素。在乳汁淤积的早期，尤其淤乳发生的四五小时内，乳汁尚未变质，可以放心哺乳。婴儿的吮吸非常有力，是极好的疏通乳管的方法。通过哺乳，不但喂饱了宝宝，也可以治疗妈妈的乳腺炎。

●月子里饮用茶水误区

月子里的产妇不宜喝茶水。因产妇在分娩后体力消耗很大，身体气血双虚，应该注意补血及保持良好的睡眠，以尽快恢复体力。茶水中含有鞣酸，会与食物中的铁相结合，影响肠道对铁的吸收，使产妇产生贫血症状。而且，茶水越浓，鞣酸含量越高，对肠道吸收铁的影响越大。茶叶中还含有咖啡因，在饮用后会刺激大脑兴奋，不容易入睡，影响产妇的睡眠，不利于身体恢复。

●坐月子注意事项

月子期间一定要注意以下几点：

慎寒温：产妇需穿着长袖、长裤、袜子，以免着凉感冒，或使关节受到风寒侵袭；

适劳逸：产妇应多卧床休息，起床时间不宜超过半小时，避免长时间站立或坐着，以免导致腰酸、背痛、腿酸、膝踝关节疼痛；

勤清洁：月子期间可洗头，但也不可频繁洗头，做好头发清洁，避免感染细菌而导致发炎；

调饮食：饮食应以温补为主，最好请营养医师根据个人体质进行调配；

使用收腹带：收腹带对产后松弛腹肌的生理恢复、保持体形，或对子宫、产道快速复旧、促进恶露排净等，都有良好作用。

●预防产后抑郁

产前多准备，抑郁少发生。产后无法适应母亲角色是患产后抑郁症主要原因。如能在怀孕时做好产后规划，家人一同来为迎接新生宝宝做好准备与安排，让新妈妈在产后不那么劳累，那么，产后抑郁症的发生概率也会大幅减低。

新妈妈在分娩过程中经历阵痛，体力和精力消耗巨大，产后需要充分的睡眠和休息。新妈妈初为人母，对如何喂养宝宝，如何把握、理解宝宝的需求和行为，往往感到十分困难。这时，家人尤其是长辈应主动与新妈妈交流，教会她护理宝宝的一般知识和技能。当新妈妈情绪出现低落、悲伤、紧张、烦躁时，可试着自己分析原因和现状，学会自我劝慰和调节。平时要多休息，可以出去走走，适当地活动，可以预防产后抑郁症。

美容养颜

●洗面奶洁面标准六步

使用洗面奶洁面标准六步骤：

第一步，用温水湿润脸部，保证毛孔充分张开；

第二步，使洁面乳充分起沫，量不宜过多，硬币大小即可；

第三步，把泡沫涂在脸上，轻轻打圈按摩15下左右，让泡沫遍及整个面部；

第四步，清洗掉洁面泡沫时，须用湿润的毛巾轻轻在脸上按，反复几次后就能清除掉洁面乳；

第五步，检查发际周围是否有残留的洁面乳；

第六步，最后用双手捧起冷水撩洗面部20下左右，同时用蘸了凉水的毛巾轻敷脸部，可使毛孔收紧，还可促进面部血液循环。

这种一丝不苟的洗脸方法有很多功效，比如防皱、美白，但需长期坚持。如果每天都能按照此法认认真真洗脸，会发现肤质在慢慢改善。

●洗脸加料助嫩肤

洗脸时加点料有助嫩肤祛痘。比如在水盆里放上一点盐，有杀菌的作用，还可祛除脸上油脂，特别是油性肌肤，长期使用就不容易长痘痘了。如是干性皮肤，可在脸盆里适当加点蜂蜜，并在洗脸时候轻轻拍打脸部，长期使用肌肤年轻10岁。工作在电脑前的白领女性，洗脸时在水中加点绿茶能有效抵抗辐射，长期使用会让肌肤毛孔变细。另外，在脸盆中放点醋，可让皮肤变光滑有弹性，因为醋可改变肌肤的酸碱度，长期用它洗脸不易长痘。

其实在生活中只要多加那么一点料，就可让我们的肌肤变得更加白皙有光泽。

●巧用洁面皂护肤

关于洁面皂的三大旧观念解析。

旧观念之一：洁面皂洗后皮肤超干，会过度去除油脂。新观念解析：选择橄榄油、葵花油等天然植物油制成的洁面皂，保湿效果非常好。

旧观念之二：皂碱有害无利。新观念解析：达到清洁效果必须酸碱中和，皂中含碱和皮肤的弱酸性相互对应。

旧观念之三：洁面皂让问题肌肤雪上加霜。新观念解析：相比普通洗面乳，药用配方的洁面皂更能对抗问题肌肤。

最后，洁面皂与清洁工具的完美结合。应选用柔软质地的洁面扑，可使洁面皂泡更丰富，材质选有空隙细腻的，也可以用手揉搓出泡沫，清洁效果更完美。

●夏季自制补水面膜

大夏天，脸很容易因为水油不平衡而变得油腻。这种情况下，做面膜是不错的补救方法。其实，平日里自己可以制作补水面膜，实用又省钱。夏季自制补水面膜，推荐芦荟保湿面膜。

做法如下：柑橘汁、鲜芦荟、维生素 E 胶囊、面粉各适量。将芦荟洗净，去皮捣成泥状；用剪刀将维生素 E 胶囊剪开，把维生素 E 油液、柑橘汁、面粉倒入芦荟泥中，调匀。洁面后，将调制好的本款面膜涂抹在脸上，注意避开眼睛及唇部周围肌肤，约 20 分钟后，用温水洗净即可。此面膜能促进肌肤新陈代谢，滋润肌肤，并能在肌肤表面形成保护膜。

●秋季保湿护理怎么做

干燥的秋天到了，想给干渴的肌肤滋润一下，但天天敷面膜未免伤本，不如用化妆水来湿敷。吸饱化妆水的化妆棉，可以在短时间内让肌肤迅速得到保水滋润，更可以依据每一天肌肤状况，挑选适合的化妆水，让肌肤饱饱地喝水。选择湿敷是因为湿敷让后续保养吸收神速，除了保湿，还能镇定、舒缓肌肤。

●冬季保湿护理怎样做

干燥的冬季补水保湿是重头戏。补水保湿从喝水开始，每天要喝8杯水，多喝水帮助皮肤水分维持在最佳水平。另外，洁面后，要做好基础的护肤工作。

首先，根据自己肤质选择补水锁水的护肤品；其次，晚上不能太晚睡，如超过12点，皮肤水分会被倒抽出去，所以熬夜的人皮肤都有松弛缺水的问题，每周2～3次用保湿面膜来护理干燥肌肤。另外，睡前喝一小杯红酒，血液循环加快，皮肤对保湿品的吸收力明显增加；多吃水果蔬菜补水保湿效果甚好，蔬菜水果都含有丰富的水分和维生素。

●紫外线隔离防晒护理

涂抹防晒霜的手法要轻柔，太过用力会使防晒品的效力降低25%。涂抹的厚度要注意，每次有1～2毫升的使用量才有效，而一般大家使用防晒品的过程中，通常都无法达到这样的厚度，所以才会导致防晒品没能产生足够的防御能力。并且在接触日晒15～30分钟后，必须补擦一次防晒品，之后每2～3小时都需要补充一次。

●防晒品选购要诀

防晒度数并不是越高越好，在室内工作的女性可选用SPF10左右、PA+的产品。比较容易晒黑或对强光敏感的人，或经常在室外工作或活动的人，可使用SPF20、PA++的防晒品。而在烈日下行走或海滩游泳时，则应选择抗水、抗汗性好的SPF30左右、PA+++的强效防晒品。

美白防晒品SPF值也不是越高效果越好，实际上SPF与防晒效果并不是成正比倍增的，SPF15的防晒品可以抵御93%的中波紫外线，而SPF34的防晒品只能多抵御4%左右的中波紫外线。其次，多长时间涂敷防晒效果最好，不同产品、不同功效的防晒霜是不一样的。在炎热的夏天，如果使用SPF产品就要每隔160～200分钟涂敷才能达到防晒效果，PA+产品的有效保护时间一般情况下都在8小时左右。

●消除黑眼圈按摩法

按摩方法如下：洗干净双手后，利用合适自己的眼霜作为介质，用中指按压，由上眼睑内部向外按压至太阳穴，再由太阳穴沿着下眼睑按压至眼睑与鼻梁相接处，如此来回几次，可有效促进眼周围的血液循环。

在工作空闲之时，也可做一做下面的动作：搓热双手，然后闭上双眼，用搓热的双手轻轻贴在我们的眼睛上，利用手的温度来消除眼睛的疲劳，待温度降低后又重新搓热双手贴在眼睛上，如此反复几次立马缓解眼睛疲劳。

●蛋壳内膜除草莓鼻

当面部的油脂腺受到过分刺激时，毛孔会充满多余的油脂。如果不及时彻底清洁，就会堵塞在鼻头及颜面周围，时间一久这些油脂最终会硬化，经氧化后成为黑色的小点，这些小点就是被称作黑头的油脂阻塞物，俗称“草莓鼻”。

有什么有效的方法去除草莓鼻呢？平时下厨时，不要急着把鸡蛋壳扔掉。可将蛋壳内膜撕下来，然后敷在黑头密集的地方，10分钟后在内膜半干状态下撕下，黑头大部分会被清理掉。此法大众都知道，方便实用，不妨一试。

●海藻面膜祛痘印

海藻面膜具有控油、清洁毛孔等功效，并能提供充足的水分，能镇静疲劳，使皮肤维持细腻，有光泽。纯天然植物海藻，是一种多功能有效美容面膜。在化妆品店买来一袋海藻颗粒面膜，和水调和一下，非常方便。每2天一次。

做法：取20克海藻颗粒，并和适量的纯净水混合，做成面膜的形状，贴在干净的脸上，10分钟后撕下用清水洗净皮肤，涂上面霜即可。

●自制嫩肤酸奶面膜

酸奶中的乳酸具有保湿功效，还能去角质，可让肌肤快速恢复光泽、嫩滑。推荐大家一起动手自制酸奶面膜，步骤如下：

第一步，洗净面部，先用热水敷脸，促进面部毛孔扩张，以便更好吸收营养；

第二步，将酸奶涂抹于脸上，15 分钟后，用温水洗净；

第三步，用化妆棉蘸少许化妆水拍打面部，待其自然风干。

酸奶面膜使用前后不必刻意清洁脸部，使用 4 ~ 5 次后，肌肤将会有脱胎换骨的全新感受。

●颈纹消除法

每晚为颈项做按摩是避免颈部表皮下垂的好方法。下巴略为抬起，用食指、中指及无名指由近锁骨的位置起，由下往上用轻柔的力度按摩至下巴，然后用同样的手势按颈项两旁至耳畔的位置。除了颈前按摩外，颈后按摩也是不可忽略，在耳后四周斜着向下轻柔，这种从头后斜向方式的按摩，可致使血液循环，消灭面部浮肿和颈部酸痛，避免皱纹呈现。

●毛孔收缩三部曲

向推荐大家每日毛孔收缩 DIY 三部曲：

一为清晨冰镇毛孔法：热胀冷缩的原理不但让毛孔缩小，还能令肌肤表面的温度迅速降下来，出油现象得到有效抑制。DIY 方法是将冰块用毛巾包起来，敷在脸上至少 1 分钟，才能看到效果。

二为中午绿茶收缩法：泡过的绿茶水不要扔掉，因为绿茶中的茶多酚不仅有效杀菌，还能清爽紧肤的功效。DIY 方法是醮凉绿茶水涂于面部，轻拍毛孔粗大区域，能有效紧肤。

三为傍晚蔬菜水果面膜法：DIY 方法是将有助于收缩毛孔的蔬菜水果，如芹菜、柠檬、橙子榨成汁，然后用纱布包裹住蔬果渣，轻轻搓揉毛孔粗大区域，不但能温和去角质，还有神奇的收缩毛孔的功效。

●有氧运动改善肤质

女性皮肤暗沉很大的原因是由于内分泌失调和毒素沉积造成的。

慢跑、游泳、骑行等有氧运动都能够增加机体的新陈代谢，血运速度加快可为皮肤提供更多的氧气和营养，促进肌肤产生更多的胶原蛋白，皮肤的活力也会有所增长。此外，有氧运动还可帮助机体排除毒素，改善心情，让皮肤充满活力。

●温泉美容五部曲

泡温泉可以美容美白，但要持之以恒才行。以下美容又美白的温泉小常识，可让你的肌肤更加晶莹剔透。温泉美容五部曲：

第一步，探试池温。 先用手或脚探测泉水温度是否合适，千万不要一下子跳进温泉池中。

第二步，先暖后热。 温泉区内设不同温度的泳池，从低温度泉到高温度泉，浸泡要循序渐进，逐步适应泉水温度。

第三步，掌握时间。 一般温泉浴可分次反复浸泡，每次为20～30分钟。有些人喜欢让全身泡得通红，但要注意是否会出现心跳加速、呼吸困难的现象。

第四步，配合按摩。 适当的穴位按摩能加强温泉保健的功效，对一些疾病有明显的治疗作用。

第五步，注意冲身。 浸泡完毕后，应用清水冲身，尽量少用洗发水或沐浴液。

●西红柿祛斑法

祛斑美白要从内调外养开始才是最有效的。西红柿中富含丰富的维生素 C，而维生素 C 是美白祛斑最有效的成分之一，能减少皮肤内黑色素的形成，从而消除面部色斑。

可将西红柿搅拌成汁，加入适量蜂蜜搅至糊状，均匀涂于脸或手部，待约 15 分钟洗去。建议每星期做 1 ~ 2 次。这个美白祛斑面膜可同时用作脸及手部美白，特别是暗疮皮肤，能有效去油腻，防止感染，使皮肤白皙细致。另外，每日坚持喝 1 杯西红柿汁或经常吃西红柿，对防治长斑有很好的作用。

●自我丰胸速效法

完美的胸部能为女性增添自信，但并不是每个人的胸部都能如此丰满。下面分享几种自我丰胸速效法：

一、沐浴健胸：沐浴时用淋蓬头冲洗胸部，每次至少冲洗 1 分钟，促进胸腺发育，刺激血液循环。

二、端正的姿势：走路时应保持背部平直、收腹、提臂、上身的整体感觉向上的姿势。

三、选择合适的胸罩：胸罩必须因胸而宜，如果胸罩过大，不能有效地起到托举作用，长此以往会导致乳房松弛下垂胸罩若过小，血液循环不畅，不利于乳房的健康发育。

四、科学饮食：女性在 20 ~ 25 岁是乳房发育最佳时期，此时适度地增加胸部的脂肪量，可提高胸部丰挺度，这是自我丰胸的最快方法。

●上班族瘦腰操

首先，取俯卧位，双手撑地，慢慢地挺起上半身，双腿和脚背要紧贴地面，眼看前方，保持个姿势 5 秒钟；接着，身体稍稍向右边扭转，头部也向右转，感受身体左边腰部肌肉的拉伸，保持这个动作 5 秒钟；然后，身体稍稍向左边扭转，头部也向左转，感受身体右边腰部肌肉的拉伸。保持这个动作 5 秒钟；最后，呼一口气，慢慢恢复到原来的姿势。

●打造匀称小腿

平时尽量多走楼梯，并在上楼梯的时候抬起脚后跟，用腿部承担体重，一步爬 2 阶，可以紧实腿型，并有提臀效果，还可以避免萝卜腿。

洗完澡后，趁血液循环较快，用掌心拍打大腿内侧，同样可以帮助你拥有匀称的美腿。每天睡觉前，将腿靠在墙上，让双腿与身体成 90° 直角，保持此动作 30 分钟，可以帮助血液回流，让小腿肌肉松弛。坐着的时候，膝盖并拢的同时尽量将小腿贴合在一起，约 10 秒后放松，重复此动作，并保持呼吸均匀。短时间内的肌肉收缩与放松交替，可以有效塑造小腿线条。

●好气质最迷人

容貌是天生的，反映一个人的外在，而气质则是个人修养，它显示一个人的内在修养，容颜总有衰老的一天，但是气质却一直伴随我们，想要永远光耀照人，不妨学会以下几点来提升自己的内在气质：

一是学会控制情绪，不随意显示出自己的情绪，不管是高兴还是悲伤，都放在心里；

二是时时挂着笑脸，让自己的笑容像太阳一样，微笑但不大笑，时时刻刻注意自己的姿态；

三是多读书，特别是经典名著，体会书中人物的人生、性格，学习并应用到现实生活中；

四是用音乐来熏陶自己，多听一些古典音乐培养情操；

五是多培养自己的兴趣爱好，如登山、游泳、跳舞、弹琴等，当你去实践时会感觉自己内在还有很大的提升空间；

六是别为小事生气，做个懂得静修的人。

第五章

休闲与健身篇

休闲与健身是生活中不可或缺的元素，闲暇之余，一家人外出游玩，增进感情，其乐融融；阳光明媚的一天，家人们一起种种花，外出活动活动筋骨，更添生活一丝惬意。在这些活动中，如果能掌握一些相关的常识，往往能让自己的游玩或活动更为舒适。

TIME
TO
TRAVEL
PASSPORT

安全出行

●旅游前查阅当地资料

旅游之前，需查阅一些有关目的地的资料，先熟悉各景点的人情风貌，以助游兴。另外，还应掌握一些其他旅游有关的其他资料。

地理：查阅地图明确旅游点方位，规划旅游路线。

气候：旅行时要事先了解当地气候，还要知晓局部气候的变化，如日夜温差、湿度、晴雨的变化等，以便准备行装和随身药品。

食宿条件：了解旅途的饮食习惯、住宿条件很重要，如"南甜北咸"。

风俗民情：旅游目的地的风情和宗教习惯，尤其要了解，以便入乡随俗。

同时，最好能找些导游图和篇幅较少的旅游书籍带上，这样即使不能完全记住，也可以按图寻位、按书赏景，大大提高旅游的效率。

外出旅游，尤其是到陌生的地方旅游，查好当地的交通情况是必要准备，这也是制作旅游攻略的首要任务。例如，七八月份是西藏雨季，去之前可以通过相关软件，如"户外探子""蚂蜂网"等进行交通安全查询，若发现此月多塌方发生，为安全着想，则要另选时间了。另外，查好交通情况，可以有计划地避开拥堵路段或拥堵期，可大大节省在路上的时间。

●达人行李箱收纳指南

每次出远门，最令人心烦的就是打包行李了，一开始我整理得乱糟糟的，有时发现需要的东西没带上。后来，我慢慢摸索出行李箱收纳技巧，即根据旅途长短整理。

长途旅行：宜采用卷、压、塞法，普通叠衣法太占空间。首先将待穿的衣裤紧紧卷成圆筒状，在箱子底层沿边排放鞋子，然后将长裤放到中间，再将重量轻的衣物压在上一层，接着放重量最轻的上衣，最后将化妆品和手包放在最上层，稍微调整一下位置，就可以关箱了。

短途旅行：将制服和长裤沿箱沿平铺，裤腿延伸至箱外。易褶皱的衣物放在中间，然后化妆品和手包放在最上面，最后将箱外的裤腿卷进来。

●当地旅游地图少不了

游走在陌生的地方，迷路是在所难免。因此，手机里下载当地的地图是必做的功课。除了利用手机下载电子版地图，也可买一份合适的城市旅游地图，最常见的就是城市交通图，诸如上海、杭州、南京等地的交通图都配有相应的旅游贴士，可在正规的书店和报亭买到。此外，也可以从酒店拿到免费的简易地图。相对城市地图，山区类景点的地图更加重要，如黄山、青城山等，不仅因为山上景点多，上山线路也各有不同。

手绘地图的实用性虽然比不上正规地图，但是除了艺术性强外，手绘地图上都会附上一些当地特色的旅游贴士，例如：丽江古镇的地图上就有景点打油诗、当地美食起源、值得推荐的旅游纪念品等小信息，这些信息的可信度往往很高。

●戴上太阳镜出行

暑假，许多人喜欢外出游玩，尽情享受大自然的恩赐，但夏季眼睛最易受到太阳光和紫外线的伤害。此时，建议戴上太阳镜出行。太阳镜的抗紫外线能力取决于镜片的材料，理想的太阳镜，其材料必须能过滤96%以上的紫外线。如果佩戴的目的是为防紫外线，最好还是购买雷朋灰、雷朋绿、蓝灰色这些真正有遮阳效果的太阳眼镜，因为这些相对柔和的色彩，看大自然时不会变色，对有车一族尤其适合，因为不会影响他们对红绿灯等交通信号的分辨。

●住宿预定注意事项

外出旅游时，首要的便是解决住宿问题。旅游住宿预定需要注意什么呢？

第一，也是最为重要的，住宿预定需提前进行，就拿青年旅社来说，一般需要提前一个月进行预定。

第二，住宿预定方式多样，电话、网络皆可预定，但房间的选择应根据自己的预算做出合理安排。

第三，需根据自己的行程预定合适的酒店，如我有一次周末去爬黄山，就必须预定山脚的青平旅游，因为第二天要上山并下山，且还得赶车返回。

●入住酒店小贴士

近年来，酒店在安全卫、生方面真的很难让人放心，我们要做一些工作让自己的“临时居住地”更加健康卫生。

进宾馆的第一步检查门上的猫眼；

观察安全门和安全通道；

关闭房间的灯，拉上窗帘，让房间无一点光线，然后打开手机照相功能，围绕房间转一圈，检查房间的所有可能安装针孔摄像头的地方，如有针孔摄像头，那么手机上将看到红点；

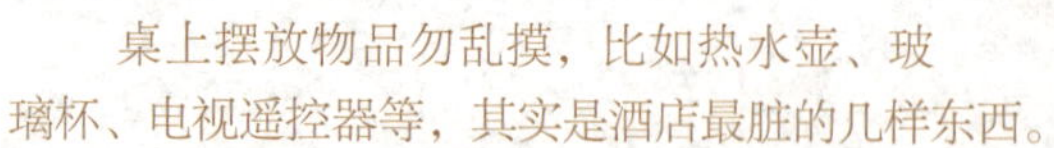

桌上摆放物品勿乱摸，比如热水壶、玻璃杯、电视遥控器等，其实是酒店最脏的几样东西。

另外，建议自带洗漱用具和一次性床单被套，许多人在住酒店的时候被染上传染病，因此，在睡觉的时候最好不要光着身子，一定要穿睡衣。

确定好你所要住的旅馆后，也要第一时间告诉家人旅馆的名称、电话、预定留宿时间。希望大家在外住宿时要多加安全。

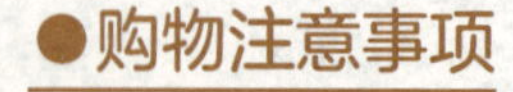

●购物注意事项

旅游购物，更要小心谨慎。对于景区内及路边小店的土特产、纪念品，最好不买或少买。若决定购买，则应货比三家，讨价还价，才不至于吃亏。因为，景区内和路边小店出售的物品，价格一般比当地市镇商店的标价贵得多。假如你喜欢随大流，凑热闹，显阔气，出手大方，那就“宰”你一刀没商量。

商品以小型轻便为首选。人在旅途，不宜购买体积笨重、庞大和易碎的商品。

不要贪便宜。很多风景区都有兜售假冒伪劣商品，如珍珠、项链、茶叶之类，游客可要禁得住价格和叫卖的诱惑。

●旅游防“宰”术

旅途中，游客被“宰”事件时有发生。当合法权益受到损害时再进行投诉，就显得被动了。若能掌握一些旅游常识，学“精”一点，即可避免被“宰”。

旅途中，切莫轻信广告宣传，随团出游必须选择透明度高、信誉佳、服务好的旅行社。这样，你的行程就有保障。否则，按计划乘坐的豪华大巴就可能成为普通客车，下榻的星级宾馆改为入住招待所，六菜两汤变为四菜一汤。国内外有不少大景套小景、大园串小园的景区，进大门须购门票，看小景也得买票，有些门票是游客自理的。对此，你应酌情考虑，若不感兴趣或认为无观赏价值的景物，敬而远之。盲目漫游，腰包再厚也很快会被掏空。

●旅途常见疾病预防

旅途中常见疾病预防和保养方法：

感冒：旅行在外，气候温差较大，忽冷忽热，容易感冒，但只要注意，就可以防治。即使感冒，早些吃药，就可痊愈。

中暑：如果中暑，要立即转将病人移到通风、凉爽的地方休息，并服用人丹、十滴水等药物，在太阳穴、人中处涂风油精。注意休息，不要勉强旅行。

肠胃病：在旅游当中，游客不适应新环境，新、旧两地饮食习惯不同，易引起腹胀和腹泻。如果再暴饮暴食，易引起胃肠炎。患了这些病，需及时治疗，服用抗生素等药物。

水土不服：旅游在外，气候、水质、饮食等条件都有变化，一些人往往不习惯，会出现头昏无力、胃口不好、睡眠不佳等现象，这是水土不服的表现。需多食水果，少吃油腻食物，还可服用一些多酶片和维生素 B_2。

●旅行别忘带小药箱

出游前夕，我们做足各种准备功课之时，不要忽略了旅途中可能发生的各种小疾患。为了消除后顾之忧，请花点时间，去药店装备出一个小药箱。旅行药箱常见药品清单：感冒药、肠胃药、晕车药、风油精，以及外酒精棉、纱布、创可贴等治疗外伤的药物。旅游小药箱应以简单、必须为原则。有特殊疾病的人，出门前要带足自己常用的药品按时服用。

●旅途急救小常识

旅途常用急救小常识：

一、外伤出血：野外备餐时如被刀等利器割伤，可用干净水冲洗，然后用手巾等包扎。轻微出血可采用压迫止血法，1小时过后每隔10分钟左右要松开一下，以保障血液循环。

二、骨折：伤者安卧，不使折断处用力，先予止血，注意痛极休克。将伤者用木板托好，并用绷带固定（若骨骼已突出不要推）后，紧急送医诊治。

三、烫伤：立刻用水冲洗或浸入干净冷水中，轻者用凡士林涂抹患处，或用干净布料敷盖（不要弄破水泡）送医诊治。严重者用干净衣物如被单、毛毯等包裹，紧急送医。

四、食物中毒：吃了腐败变质的食物，除会腹痛、腹泻外，还伴有发烧和衰弱等症状，应多喝些饮料或盐水，也可采取催吐的方法将食物吐出来。

●旅途止腹泻妙方

旅游性腹泻，容易造成脱水。除了吃止泻药外，这里有两种补充电解质和水分的配方。

方法：先准备好1升水，加入1匙盐、1匙苏打和4匙糖；或是1升水，渗入1匙盐和8匙糖，可添加少许橙汁、苹果汁、柠檬汁或蜂蜜，搅拌均匀后喝下。待腹泻症状改善后，再喝些清炖肉汤和清淡的食物，不要吃蔬菜和水果。

●旅途多吃瓜果

旅游中可多吃瓜果蔬菜，吃杏使人精力充沛；柑橘汁可以防伤风、流感，还能降低心脏病的发病概率；甜菜可增强消化系统功能，也能通过帮助细胞吸收更多氧来达到增强免疫力的目的；芹菜可起到缓解关节炎、消除疲劳、减轻胃溃疡和帮助消化的作用；苹果是奇妙的解毒剂，可清除体内垃圾，缓解便秘及其他的消化障碍；梨是高能量水果，能治疗便秘，还能帮助消化。

●旅行饮食注意事项

旅途中保持身体健康的首要问题就是时刻注意饮食卫生，防止“病从口入”。旅行中的饮食卫生，主要有以下几个方面：

一、注意饮水卫生。生水最好不要饮用，旅途饮水以开水和消毒净化过的自来水为最理想，其次是山泉水和深井水。

二、瓜果一定要洗净或去皮吃。瓜果除了受农药污染处，在采摘与销售过程中也会受到病菌或寄生虫的污染。

三、慎重对待每一餐。饥不择食不可取。

四、学会鉴别饮食店卫生是否合格。一般标准是有卫生许可证，有清洁的水源，有消毒设备，食品原料新鲜，无蚊蝇，有防尘设备，周围环境干净。

五、在车船或飞机上要节制饮食。乘行时，食物的消化慢，如果不节制饮食，必然增加胃肠的负担，引起肠胃不适。

●这样消除昆虫叮咬痛感

旅行中经常会被昆虫叮咬或蜇伤，一招即可消除叮咬的疼痛。即用碱性液体冲洗伤口，十分见效。如果被蜜蜂蜇了，用类似镊子的工具将刺拔出后再涂抹氨水或牛奶。以上应对方法是本人多年外出旅行摸索而得，已经过多次验证。

●毒蛇咬伤巧处理

在野外旅游时，可能会遇到各种意外事故，下面介绍一种被毒蛇咬伤的应急措施。

具体做法：在野外如被毒蛇咬伤，患者会出现出血、局部红肿和疼痛等症状，严重时几小时内就会死亡。这时要迅速用布条、手帕、领带等将伤口上部扎紧，以防止蛇毒扩散，然后用消过毒的刀在伤口处划开一个长 1 厘米、深 0.5 厘米左右的刀口，将毒液挤出。

●野游遇上雷雨怎么办

野游遇上雷雨时，千万不要在巨石下、悬崖下和山洞口躲避雷雨，因为电流从这些地方通过时会产生电弧，击伤避雨者。如果山洞很深，可以躲在里面。不要在雷雨中骑车或骑马，以免引雷击身。不要躲在旷野中孤立的小屋内。离开高地，也不要在孤树下避雨。远离金属物体。汽车内是躲避雷击的理想地方，就算闪电击中汽车，也很少会伤人。如果在游泳或在小艇上，应马上上岸。即便是在大的船上，也应躲到甲板之下。

●雨天装备技巧

遇雨马上穿雨具，勿因雨小而不穿，淋成落汤鸡再穿就来不及了。雨具以两截式雨衣为宜，雨裤用背带支撑可防止下滑。雨具永远要放在方便拿取的地方，如背包侧袋、顶袋或主袋顶部。短绑腿可防止雨水从裤管流进登山靴内部。

有朋友喜欢在旅途中写些旅游纪行，但雨中记录是件苦差事，这时可以用封口塑胶袋包装笔记本以防水。市面上有卖一种笔记本，可防止纸张因水浸湿或墨水晕开。

千万记住，不论背包厂商如何夸耀其防水性，加罩一个防水罩在背包外是十分有必要的。背包内的衣物、睡袋等要用防水袋或塑胶袋包好，硬壳保鲜盒可用来装易碎易潮的食品、药材、底片或火柴等杂物。

●旅游照片拍摄技巧

旅游的过程中，每个人都希望能在风景名胜拍照纪念。选景构图时，要处理好主体与衬物、前景与背景的关系；拍人物和景物照片时，应主次分明，不要只注意了背景忽略了人物主体。

合理用逆光摄影，有时也会使旅游照片带来一些意想不到的效果，如拍摄水花四溅的喷泉、飞流直下的瀑布等，用 1/30 秒的慢门拍摄，画面景色会更加壮观。但拍人像照片尽可能避开正午拍摄，因为此时是从上至下的顶光，会使人像照片非常难看。

正确调焦拍人像照片时，应以人像眼神为调焦对象。拍景物照片时，则应以景为主、调焦至景物清晰透彻为准。通常情况下，光圈小，景深大，反之景深就小。总之，只有合理的调焦，才能拍摄到满意的旅游照片。

●旅途中保护好贵重首饰

镶金珠宝首饰，可在温水中加中性肥皂液，先将首饰浸泡于水中，轻轻冲洗片刻，然后用柔软的布或绵纸擦净，即可起到很好的保护作用。

珍珠首饰，要经常用软布揩抹。可用毛巾将首饰包裹好，加一些冷霜，轻轻转动片刻，再用吸收性的软布擦净。

在海里游泳时，应避免戴金首饰，而且不要让首饰接触含氯的水，特别是14K、18K这些含金首饰。

●高原反应的防治

高原反应是初入高原的旅行者身体经常出现的状况。轻症者会在1～2周内自愈；较重者可给予吸氧，或口服镇静、止吐药物。若出现高原昏迷，就要及时送往医院抢救。治疗方法包括吸氧、降低颅内压、给予能量合剂、脑细胞营养剂等。

高原反应是完全可以预防的。首先，去高原地区旅行前，应进行体格检查，有严重心血管疾病、严重支气管炎、肺病、血液病、癫痫病的人以及孕妇和幼儿等，一般不宜前往。即使是健康人，在临行前也要做好充分的准备。其次，在饮食上，多吃含高糖、高蛋白的食物，禁烟酒以减少氧的耗散。另外，口服维生素C、参麦片、复方党参片、黄芪茯苓片等药物，也有预防和减轻症状的作用。

●野营需做好保暖措施

野营要考虑的安全因素很多，尤其以保暖最为重要。所以，对所到地区的高低温度作好充分调查估计，相应准备些保暖衣物或合适的睡袋。还有一点，衣物被雨水或汗水打湿后，热量散发的速度是十分惊人的，此时要尽快换上干燥内衣。如果有条件可选用排汗快的内衣。而高寒地区则需要更专业的装备了，出发前务必做好一切周全准备。

植物栽培

●从易养花卉种起

无论哪一种盆栽花卉，其栽培都得进行上盆、翻盆、浇水、 施肥、修剪、病虫害防治等工作。一般，初养花者对花卉习性和生长规律基本不甚了解。所以，初养花者应从易养花卉种起，并从简单的栽养中摸索养花知识，积累养花经验。易养花卉有哪些呢？在这里向大家介绍三种：

一、酢浆草，几乎不用施肥，只要定时晒太阳和浇水就可养活。

二、睡莲，只要放进水中就可养活。

三、重瓣牵牛花，其花量惊人，而日常水量需求极低。

●新手四步养花法

一、不同的植物对光照的要求不同，一般情况下，会开花的植物喜光照，而绿植类植物较喜阴，养花时可据此为它们选择合适的环境。花盆大概 10 天左右转换一次方向，这样盆花生长才能均匀丰满。

二、浇花的水最好在无盖的容器中放 2 ~ 3 天，使自来水中的氯气挥发，以免影响花卉生长。

三、每年开春变暖后，最好在 5 月前几天换一次盆土，换土前不要浇水，轻拍盆壁取出花卉，去掉 1/3 的旧土，将病根和老根剪掉，换疏松、肥沃的土壤，根据花盆的大小在盆沿留一定的距离，方便浇水，换盆后要浇透水。

四、土壤介质培养应满足疏松、肥沃、排水及透气性强、保肥力强等要求。

●五种浇花实用法

浇水是养花的一项经常性管理工作，下面介绍一些家庭养花中，该如何巧浇水的小技巧。

一、草本类花卉根系浅，吸收水分能力差，体内需水量多，叶面蒸发快，故浇水应多而勤。夏天除每天浇水外，还应叶面喷水。木本类花卉根系入土深，分布面广，吸水力强，浇水量可适当少些，夏天一般隔日浇水 1 次即可。

二、沙质土多浇，黏质土少浇。

三、叶大质软的多浇，叶小有蜡的少浇。如龟背竹、吉祥草等湿生花卉应多浇水，而仙人掌类、玉莲花、剑麻等旱生花卉要少浇水。

四、天热多浇，天冷少浇。

五、花卉生长旺盛期多浇，休眠期少浇。

●为盆花收集有机肥

家庭养花不宜常用化肥，栽培花卉需要的氮、磷、钾等主要肥料在日常生活中都可以收集到。

例如，发霉不能食用的废花生、豆类、瓜子以及杂粮等，都是含氮素的肥料，经过发酵做底肥或泡制成溶液后追肥，都能促使花木茁壮生长；鱼刺、碎骨、鸡毛、蛋壳以及人们剪下的指甲、头发等，都含有丰富的磷，把这些废料掺入旧的培养土里，加些水后装入塑料袋中放在角落里，经过一段时间便能变成极好的有机肥。若将这些废料泡制成溶液后追肥，可使家养盆花的花色鲜艳。

此外，发酵过的淘米水、生豆芽换下来的水、草木灰水，以及雨水和鱼缸里的废水等，都含有一定的氮、磷、钾，只要适量使用就会起到促进花木生长发育的作用。

●花卉修剪技术

修剪不仅能让植物充分吸收营养，促进生长，还能使植株生长有序，形态更美观。当植株太高时，可作修剪矮化，促使分株。修剪的位置不宜太低，以免影响发芽，要剪在枝节的上方。每株剪的高度要等同这样株型才会好看。修剪时还需要注意左右的平衡。剪完后加入粒肥，补充养分。

●这样清洗植物叶片

清洗叶片时间以早晨最好，使叶片在清洗后有足够的晾晒时间，避免因夜间缺少阳光以及温度下降，使叶片时刻处于湿润的环境。清洗叶片的办法：

一、喷水法： 运用喷雾器的水流冲击力将叶片上的尘埃冲走。

二、擦拭法： 用蘸了水的海绵或棉布重复轻轻地将叶片上的尘埃污泥擦洁净。

三、毛刷法： 用软毛刷将叶片上的尘埃刷洁净。

●如何养护吊兰

现在养吊兰的家庭越来越多。吊兰喜温暖、湿润及半阴处，不耐干旱。通常不用出去日晒，白天放在室内观赏，晚上放室外通风。据生长情况，到春季 4 月可换盆进行分株繁殖，换盆后放半阴处。土壤要求疏松和富含腐殖质。平时可常用清水喷浇叶面，保持叶面清洁湿润。冬季要放在 15℃左右的室内培养，免受冻害。我家吊兰按照这种模式养着，一直长势很好，叶片茂盛光亮。

●水养富贵竹

刚买的富贵竹在入水前先将扦条基部叶片剪去，并将基部用利刀切成斜口，每 3 ~ 4 天换一次清水，10 天内不要移动位置或改变方向，生根后也不需换水，水分蒸发减少后才可及时加水，生根后要及时施入少量复合化肥。最好每隔 3 周左右向瓶内注入几滴白兰地酒，再加少量营养液，能使叶片保持翠绿。

●多肉植物怎么养

多肉植物被称为“史上最萌植物”，深受大家的喜爱，是家庭养花首选！如何在家里繁殖多肉呢？我来教给大家一些经验吧。

首先，需注意温度，养多肉植物的室内温度最好控制在15℃～28℃。

其次，对多肉植物来说，喷雾浇水效果比较理想，浇水时间最好是阳光充足的时候。

夏季的多肉植物是不需要施肥的，冬季有条件的话，每个月可以施肥一次。

若是给多肉植物浇水过多或没有驱虫，都会导致植物腐烂。腐烂的多肉植物呈褪色、变软状态，如果发现腐烂的部分，这个时候需要尽快切掉。

●水培植物养护秘诀

水培植物因简单易养且翠绿醒目而受到人们喜爱，但不少人还不知道该如何去养这样的水培植物。下面，我就向大家介绍3个护养水培植物的窍门：

一、水培花卉喜阴，应摆放在半阳且通风的室内，忌阳光直晒。

二、为防止植物根部腐烂，应及时更换营养液，防止营养液变浑浊。

三、当植物根部部分腐烂时，应立即切除感染腐烂部分，将未感染部分浸入0.5%高锰酸钾液内，浸泡10～20分钟后用凉开水冲洗，置于干净的器皿中静养。

●如何种植阳台盆栽蔬菜

大多城市居民住宅都会有一个或两个阳台，阳台是家庭种菜首选之地。阳台适合种什么菜？这要根据阳台的朝向及空间大小来决定。

每种蔬菜都有它合适的栽培环境。因此，要想在阳台种菜，首先，要考虑阳台所能提供的环境条件是否能够满足所要种植的蔬菜要求，然后再看个人的喜好。阳台种菜，南北方也有差异。就南方来说，朝阳的阳台光照比较充足，只要空间足够大，可以种植喜温的蔬类，如苋菜、空心菜等。而对于北方来说，则只能在夏季种喜温果菜类。

如果想在冬天种植，则必须有加温设施，但北方冬天多数光照不足，即使有加温设施，也只适合种植一些耐弱光和生长期短的蔬菜。

●盆栽蔬菜养护秘诀

夏季高温不仅对人类是个挑战，对家里盆栽的蔬菜也是个威胁。所以，夏季高温天气更要注意对盆栽蔬菜的养护：

一、勤浇水：夏季每天至少要浇水 1 次，最好在早晨或傍晚时分浇水。

二、不暴晒：当气温过高时，应对盆栽蔬菜进行遮阴处理或喷水降温。否则，轻者叶缘灼伤、焦枯，重者叶片被灼甚至死亡。

三、常通风：夏季温度超过 30℃则需要开窗通风或者用风扇吹风，加强空气流通，以达到降温的效果。

四、忌积水：浇水应适度，忌盆内积水。因为一旦盆土湿度过大，根系会长时间处于无氧呼吸状态，最终被水淹死。

五、忌施大肥：盛夏高温，叶面失水较快，此时施肥会使植物细胞液浓度小于外界环境浓度，盆栽植物会因肥害失水而死。

运动健身

●投篮的正确姿势

正确的投篮姿势在篮球比赛中是很重要的，因为投篮姿势直接关系到投篮命中率。

投篮姿势：投篮前要摆正姿势，持球时右手为主，左手为辅。右手手掌托好球，五指自然分开，左手稍微用力放在篮球侧面，保证篮球平稳。上身摆正，不要耸肩，双脚自然落地，两脚间的距离与肩同宽。

三步上篮：把身体重心压低，运球不要超过腰部。跑动中身体尽量前倾一些，手心向下拍打篮球，不要翻腕。到了第三步跳起时，手腕自然地把球拨出，尽量柔和一些，让篮球有回旋的余地。这样投篮命中率比较高。

注意右手向前推送球的力度和球的运行弧度：一般右手投篮的球员，力度要根据你所处位置离篮筐的远近而定，篮球的运行弧度要高一些，这样能提高命中率，即尽量往高处投球。

●乒乓球技法

乒乓球是许多人热爱的运动项目，练就出高水平的球技需要掌握许多技巧。下面本人介绍几个打乒乓球的技巧：

一、握球拍：一般是将球拍放在拇指和食指之间。可将球拍正着放，也可斜着放，这主要看个人出球的姿势。

二、运球：将乒乓球打给对方要掌握好角度，尽量找准对手的空位置下手，使对手难接球。

三、接球：要集中精力，手的动作要迅速灵敏，包括反扣球、反铲球等，也可顺势挡球。

四、发球：尽量选择高于界限的位置，使对方接球困难。发球分多种，包括旋转球，铲球，蹦蹦球等，要根据自己的特长来选择发的球。

●乒乓球握拍法

乒乓球握拍方法分为直拍握法和横拍握法两种，不同的握法各有其优点，从而产生各种不同的打法。

直拍握法：直拍握法的特点是正反手都用球拍的同一拍面击球，出手快，正手攻球快速有力，攻斜、直线球时，拍面变化不大，对手难于判断。

横拍握法：横拍握法的特点是正反手攻球力量大，攻削球时握法变化小，反手攻球容易发力也便于拉弧圈；但正反手交替击球时，需变换击球拍面，攻斜、直线球时调节拍形的幅度大，易被对方识破。

●羽毛球发球战术

羽毛球发球不受对方干扰，只要在规则允许的范围内，发球者可以随心所欲地以任何方式发到对方接球区的任何一点。常见的发球战术有：

一、发后场高远球。这是单打中常用的发球，要求把球发到对方端线处，迫使对方后退还击，给对方进攻制造难度。

二、发平高球。球的飞行弧线较低，对方必须退到后场才能还击。

三、发平快球。属于进攻性发球，球速很快，作为突袭手段如运用得当，往往能取得主动。

四、发网前球。能减少对方把球往下压的机会，发球后立即进入互相抢攻的局势。

●打羽毛球需穿专用鞋

体育馆里打羽毛球的爱好者越来越多，但很多人打球时穿的鞋很不专业，脚踩篮球鞋、慢跑鞋、帆布鞋就上阵了。

打羽毛球需要急停急转，对鞋有特殊的要求。穿不合适的鞋打球，容易受伤，球技也难提高。羽毛球鞋底应是生胶或牛筋质地的，纹路交错细密，摩擦力大，抓地性好。鞋底平跟，并且要具有减震、缓冲功能。

●踢足球运动健体

足球是世界第一运动，如今人们对足球的热爱愈发强烈，每个男人几乎都喜欢足球。踢足球的好处有很多：

一、更有效改善呼吸系统的功能；

二、强化腿部的骨骼，足球是训练腿部的最佳运动；

三、更有效地延年益寿；

四、有利于增强体质、促进健康。

经常从事足球运动，可以提高人们的力量、速度、灵敏、耐力、柔韧等身体素质，并能使人的高级神经活动得到改善，尤其能增强人体的心血管系统、呼吸系统等内脏器官的功能，从而促进人体的健康。

●网球初学技巧

网球是一项优雅且刺激的运动，蕴含着力量与美感。但是了解网球知识的人相对篮球等大众运动来说相对较少。这里分享一些学习网球的小方法。

对于初学者来说，只需要一只球拍。学习网球都是从学习握拍开始的，一般采用半西方式、东方式、西方式三种握拍方式。练习如何握拍很重要，决定着后续击球的质量。接下来需要配合网球来练习，主要是练习球感，可以对墙壁轻击球，用拍击球着地、带击球走等，主要是找对球的球感，这是一个持续的过程，需要多练习。然后学习正确的击球方式，一般有正手击球和反手击球两种方式。最后和人练习对打，达到掌握基础网球练习方法的目的。

●打网球如何避免手臂变粗

经常打网球的人手臂会变粗，这是因为肌肉在增长，想要避免手臂变粗最好的方法是尽量伸展手臂，使肌肉伸长，就像去健身房大量运动后一定要压腿是一个道理。其实这样并不会影响到女孩子的美感，反而会使身材变得更协调。

另外，也可能是因为错误动作把手臂越打越粗。因为网球是一门技巧性发力运动，不能局部发力打网球，而是全身协调性发力的结果，不管是正手还是反手，都必须由腰部带动发力为主，再辅以手上动作完成击球，这才是正确的网球技巧。

●打网球的注意事项

打网球前要多做热身运动，以免身体受损。打网球时经常需要转动头部，事先应充分做好头部的绕环及前后左右各个方向的低头、抬头、侧头动作，可以防止颈部肌肉拉伤或扭伤。

挥拍击球时肩部的压力是很大的，把肩部附近的肌肉、韧带做充分的伸展，对预防肩部的损伤能起到积极的作用。

腰部也是容易疲劳的地方，练球前通过各种绕环动作及大幅度的身体前屈、后仰、左右侧屈动作可以使背部及身体侧部的大面积肌肉得到伸展，从而提高动作弹性。

大腿的前后部肌肉是容易拉伤，所以，练球之前必不可少地要把它们拉伸。需注意的是，不能骤然用力，否则易造成人为的拉伤。

●打网球防止击球太近

在双臂之间、肘部以上的地方夹一个儿童用的篮球，然后把注意力集中在双臂上，注意要保证在上杆过程中篮球不会落地。为了能达到这个目的，你不得不把手臂向外伸出，这样会有助于加大你的手臂半径，并提高杆头的速度。并且，这样会使你的下杆动作和重心转移获得改善，从而，球也不会打得很近了。

●台球瞄准技法

在台球运动中，瞄准这一步至关重要，下面介绍一下台球瞄准过程中的一些要领。

首先，球手先确认自己用哪只眼来瞄准。方法是：把巧粉放在球台的一端然后你站在球台的另一端。睁着双眼用食指指向巧粉，不要动，然后闭上左眼，看看此时手指是否还是指向巧粉，如果是的话，就说明你是右眼型的。现在你能确定自己的瞄准眼了，那么出杆击球的瞬间眼睛应该盯着母球还是目标球?

打球时，要确认两点，一是你正在瞄准的点，二是让母球沿着你瞄的路线前进。母球的击球点，左塞或右塞、高杆或低杆、运杆的距离、出杆的力度等在击球时都要照顾到。必须把黑球打进，这就是你的眼睛必须要盯着要击打的目标球点的原因。

●排球垫球技巧

排球基本技术之一是接发球、接扣球以及后排防守的主要技术动作，是组织反攻战术的基础。垫球技术的熟练程度和运用能力，是争取胜利的重要条件。排球垫球技巧和分类有：

单手垫球：一般在来球低、速度快、距离远时采用。垫球时用虎口或手背击球的后下部，击球时有向上翘腕的动作。

背垫球：即背向出球方向的垫球，常在接应同伴来球，或第3次处理过网球时采用。

鱼跃垫球：来球低而远时采用，队员先放低姿势上体前倾，前脚用力蹬地向远处跃出，将击球手臂插入球下，用虎口或手背将球垫起。

滚翻垫球：来球低并且离得远时采用，女子运用较多。滚翻垫球可充分发挥移动速度，保护身体不致受伤，并迅速转入另一动作，有双手、单手滚翻垫球。

●蛙泳口诀要领

蛙泳动作要领配合口诀：划手腿不动，收手再收腿，先伸手臂再蹬腿，并拢伸直漂一会。

开始姿势：两臂保持一定的紧张自然向前伸直，与水面平行，身体成一直线。

抓水：手臂先前伸，肩关节略内旋，两手掌心略转向斜下方，稍勾手腕，两手分开向斜下方压水。

划水：两臂分开呈40°～45°角，手腕开始弯曲，这时两臂两手掌逐渐积极地做向侧、下、后方屈臂划水。

收手：收手是划水阶段的继续，收手过程也能产生较大的前进作用力和上升力。将手臂做向里、向上收到头前下方，这时臂与肘几乎同时做动作。收手时不应降低划水速度，而是以更快速度来积极完成。

伸臂：从动作中可以看出，伸臂动作是由伸直肘关节，肩关节来完成的。掌心由朝上逐渐转向下力，同时向前伸出。

●自由泳臂部动作要领

自由泳臂部动作要领：

入水： 手臂在空中完成移臂后，大臂内旋，使肘关节处于最高点，手指伸直并拢，掌心斜向外下方，指尖自然触水，接着是小臂，最后大臂自然插入水中。

抱水： 手掌掌心由斜向外下转为斜向内后，逐渐弯手肘、弯曲手腕，手肘始终高于手。

划水： 手臂配合肩膀的旋转，大臂内旋，带动小臂，弯曲的手臂逐渐往大腿方向伸直划水，掌心由斜内下方转为斜内上方，从下往上划水至大腿。

出水： 掌心转向大腿，手指向上先划出水面，稍微弯曲手肘，手臂放松，大臂带动小臂，上提手肘部位，掌心转为后上方，整个出水过程必须连贯不停顿，并且快速。

空中移臂： 手肘处于上提状态，此时手肘高于手臂，向身体前方移臂，手感觉像要插入水的动作。

●如何选择泳镜

游泳眼镜已成为游泳运动的必需品。如何选择一副适合于自己的游泳眼镜呢？建议在挑选时，需注意眼镜的防水性、清晰度、防雾性能及胶带固定的松紧程度。对于初学游泳者来讲，选择一款价格较便宜并适合于自己的泳镜的标准主要是：在游泳时，泳镜不脱落、不漏水，佩戴舒适即可。